高等职业教育绿色低碳技术系列教材

碳交易与绿色金融

主　编　　卢卓建　　杨丽丽　　冼灿标

副主编　　李连和　　黄树杰

《碳交易与绿色金融》配套资源

西南交通大学出版社

·成　都·

图书在版编目（CIP）数据

碳交易与绿色金融 / 卢卓建，杨丽丽，冼灿标主编.

成都：西南交通大学出版社，2025.2. —— ISBN 978-7

-5774-0375-5

Ⅰ. X511；F832

中国国家版本馆 CIP 数据核字第 2025547QJ7 号

Tan Jiaoyi yu Lüse Jinrong

碳交易与绿色金融

主　编／卢卓建　杨丽丽　冼灿标

策划编辑／黄淑文

责任编辑／黄淑文

封面设计／GT 工作室

西南交通大学出版社出版发行

（四川省成都市金牛区二环路北一段 111 号西南交通大学创新大厦 21 楼　610031）

营销部电话：028-87600564　　028-87600533

网址：https://www.xnjdcbs.com

印刷：成都中永印务有限责任公司

成品尺寸　185 mm×260 mm

印张　12　　字数　249 千

版次　2025 年 2 月第 1 版　　印次　2025 年 2 月第 1 次

书号　ISBN 978-7-5774-0375-5

定价　39.90 元

前 言
PREFACE

在全球气候变化日益严峻的背景下，我国始终秉持绿色发展理念，积极推进碳减排工作。近年来，我国在碳减排方面取得了显著成果，但仍面临巨大挑战。为实现"碳达峰、碳中和"目标，我国政府提出了一系列政策措施，其中包括发展碳交易市场和绿色金融。碳交易与绿色金融作为新兴领域，具有广泛的市场前景和发展潜力。作为推动绿色低碳发展的重要手段，碳交易与绿色金融正发挥着越来越重要的作用。为此，我们编写了这本《碳交易与绿色金融》，旨在为读者提供一本系统、实用的学习参考资料，帮助读者掌握碳交易与绿色金融的基本原理、政策法规和实践操作，掌握碳交易的基本概念、机制和操作流程，以及绿色金融的相关知识和技能，更好地为我国绿色低碳事业发展贡献力量。

本书紧紧围绕绿色低碳技术专业的培养目标，以碳交易和绿色金融为核心，系统地介绍了碳交易市场、碳金融、碳资产管理、绿色金融等方面的知识。通过对本书的学习，学生将能够：理解碳交易体系的构建和运作，包括碳排放权的分配、交易、结算和监管等环节；熟悉碳交易市场中的各种金融工具和交易策略，以及如何利用这些工具进行风险管理和资产配置；掌握绿色金融产品的设计和应用，包括绿色信贷、绿色债券、绿色基金等，以及它们在推动可持续发展中的作用；了解环境导向的开发（EOD）模式和相关的投融资策略，以及如何通过这些模式实现生态环境保护和经济发展的双赢。

在编写过程中，我们力求将理论与实践相结合，不仅包含了最新的政策解读和市场分析，还提供了丰富的案例研究和实际操作指导。教材中的内容涵盖了从基础概念到高级策略的各个层面，适合不同背景和需求的学习者。

希望本书能够成为读者了解碳交易和绿色金融的重要参考资料，也希望它能够激发更多人对绿色低碳领域的兴趣和热情，共同为实现碳中和目标和构建绿色低碳社会贡献力量。

　　感谢所有参与本书编写和审校工作的同仁，他们的专业知识和宝贵意见使本书更加完善。由于编者水平有限，书中难免存在不足之处，敬请广大读者批评指正，以便我们能够不断改进和更新图书内容。

编　者

2024 年 10 月

目 录
◀◀◀◀◀◀◀ CONTENTS

项目 1 认识碳交易体系

项目目标

（1）搜集并学习相关资料，熟悉我国碳交易体系的基本概念、构成、主要制度和相关的法律法规；

（2）对全国及各试点区域碳交易市场的异同有全面的认识；

（3）掌握碳配额总量设定及配额分配的方法。

项目任务

（1）熟悉碳交易体系的基本概念、构成和主要制度；

（2）对比全国及各试点区域碳交易市场；

（3）搜集并学习碳交易相关法律法规；

（4）掌握配额总量设定及配额分配方法。

实训 1.1　认识碳交易体系

1.1.1　实训目标

（1）熟悉碳交易体系的基本概念；

（2）熟悉碳交易体系的构成；

（3）熟悉碳交易体系的主要制度。

1.1.2　实训内容

画出碳交易体系的思维导图。

1.1.3　实训工具、仪表和器材

（1）硬件：联网计算机 1 台；

（2）软件：Xmind 或百度脑图等思维导图软件。

1.1.4　实训指导

1. 碳交易体系概述

碳交易体系是指以控制温室气体排放为目的，以温室气体排放配额或温室气体减排信用为标的物的市场交易体系。

碳交易体系是一种市场化的环境政策工具，旨在通过经济激励来减少温室气体排放。建立国家碳交易体系的主要目标包括：通过给参与企业设定排放上限，推行碳排放配额管理，实现合理控制重点行业温室气体排放；通过建立经济有效的交易制度体系，达成减排目标；在加强政府监管的前提下，以市场为主导，通过碳排放交易体系发现和形成排放配额价格，赋予企业实现减排目标的灵活机制，激励企业有效降低减排成本；切实落实各项温室气体减排任务，从而推动发展方式转变，促进经济、产业和能源结构调整，降低全社会的整体减排成本，有效控制温室气体排放，最终实现经济和社会健康持续发展。碳交易体系的建立基于一个核心原则：通过为温室气体排放定价，激励企业和个人减少排放，同时为减排技术的研发和应用提供经济激励。

碳交易体系是基于经济理论中的"污染者付费"原则来创建的，通过为温室气体排放定价来激励减排。主要包括以下几个方面：

（1）总量控制。政府设定一个总体的温室气体排放量上限，这个上限通常是基于国

家或地区的减排目标和环境承载力。

（2）配额分配。在确定了排放总量上限后，政府需要决定如何将这些配额分配给各个排放实体，如企业或工厂。配额分配可以基于历史排放量、产出水平、能源强度或其他标准。

（3）市场交易。一旦配额被分配，就形成了一个市场，企业可以在其中买卖这些配额。如果一个企业的排放量低于其配额，它可以出售多余的配额以获利；如果排放量超出配额，则需要购买额外的配额。

（4）价格机制。碳交易市场的价格反映了排放配额的稀缺性。随着排放上限的降低，配额变得更加稀缺，价格可能会上升，从而增加排放成本，激励企业采取减排措施。

（5）监测、报告和核查。为了确保碳交易体系的有效性，需要对企业的排放量进行准确监测、报告和核查。这有助于确保交易的透明度和公正性。

（6）履约机制。企业需要在规定的时间内展示其拥有足够的配额来覆盖其实际排放量。未能满足这一要求的企业可能会面临罚款或其他法律后果。

（7）政策和法规支持。碳交易体系需要有相应的政策和法规支持，包括对市场规则的制定、监管机构的设立以及对违规行为的处罚。

（8）市场监管。政府或指定的监管机构负责监督市场运行，防止操纵市场、内幕交易等不当行为，确保市场的公平性和效率。

（9）经济激励。碳交易体系通过经济激励来促进减排。企业在面临排放成本上升的情况下，会寻求成本效益最高的减排方式，包括投资能效提升、清洁能源和碳捕集与存储技术，等等。

（10）社会和环境效益。碳交易体系旨在实现环境目标，如减少温室气体排放和缓解气候变化。同时，它也可能带来社会经济的附加效益，如促进绿色就业、技术创新和可持续发展。

2. 碳交易体系的发展和应用

碳交易体系的基本原理是将环境政策与市场机制相结合，通过价格信号来引导企业和个人减少温室气体排放，同时为减排技术的研发和应用提供动力。这种体系在全球范围内得到了广泛应用，并被视为应对气候变化的有效工具之一。

碳交易体系的概念最早起源于 20 世纪 90 年代的美国，但其全球性的发展则得益于 1997 年的《京都议定书》。《京都议定书》引入了三个灵活合作机制，其中包括国际排放贸易机制（IET）、联合履行机制（JI）和清洁发展机制（CDM），这些都是碳交易的早期形式。

欧盟排放交易体系（EU ETS）是全球最大的碳交易市场，覆盖了欧盟成员国的多个行业。此外，美国的一些州（如加利福尼亚州）和加拿大的部分地区也建立了自己的碳交易市场。国际碳行动伙伴关系（ICAP）是一个由多个国家和地区组成的网络，旨在促进碳交易体系的交流与合作。

下面列举一些碳交易体系在国际上的实践应用。

① 欧盟排放交易体系（EU ETS）：欧盟排放交易体系是世界上最大的碳交易市场，覆盖了多个行业，包括电力、工业、航空等。

② 美国区域温室气体倡议（RGGI）：这是一个由美国东北部几个州组成的区域性碳交易市场，主要针对电力行业。

③ 加利福尼亚州碳市场：这个市场与魁北克和安大略省的碳市场相连，覆盖多个行业，包括燃料、工业和电力。

④ 新西兰碳市场：新西兰的碳交易体系覆盖了所有 6 种主要温室气体，包括农业排放。

⑤ 韩国碳市场：韩国的国家温室气体排放权交易制度覆盖了电力、工业、建筑和交通等多个领域。

中国的碳交易体系实践始于地方碳市场试点。中国于 2011 年开始在深圳、北京、上海等地开展碳交易试点，积累了宝贵的经验。2021 年，中国正式启动了全国碳市场，以电力行业为起点，计划逐步扩大到其他行业。中国的碳交易体系是一个巨大的系统工程，包括但不止于制定并出台相关的法律法规体系；确定总量控制目标、覆盖范围和配额分配方法；建立温室气体监测、报告、核查（MRV）机制，交易和管理制度、履约制度、违约罚则、配套建设以及抵销管理办法等。中国的碳市场初期主要采用免费分配的方式，未来可能会引入有偿分配机制。中国的环境主管部门负责监督碳市场的运行，确保交易的公平性和透明度。中国政府出台了一系列政策和法规，为碳市场的发展提供了法律和政策支持。

3. 中国创建碳交易体系面临的挑战

中国在创建碳交易体系中面临着一系列的挑战，主要包括：

① 数据准确性。确保企业排放数据的准确性是碳交易体系成功的关键，需要建立严格的 MRV 系统和惩罚机制。

② 市场流动性。提高市场的流动性需要吸引更多的参与者，包括金融机构和个人投资者。

③ 与国际接轨的政策一致性。不同地区和国家的政策差异可能影响碳交易体系的协同效应，需要加强国际合作和政策协调。

④ 技术变革。快速发展的清洁能源技术可能会影响碳交易体系的设计和运作，需要定期评估和调整体系规则。

⑤ 公平性问题。碳交易体系需要考虑不同行业和企业的承受能力，确保减排负担的公平分配。

中国的碳交易体系建设具有空间跨度大、建立时间短等特点，需要建成一个不断摸索、实践、总结、改正、再实践、再总结和再改正的循环系统。未来中国的碳交易体系仍需在以下几个方面持续优化：

① 行业扩展。将更多行业纳入碳交易体系，如交通、建筑等，以实现更广泛的减排效果。

② 国际合作。加强国际政策协调和市场连接，以期形成全球统一的碳市场。

③ 技术创新。利用信息技术、金融技术等新技术提高碳交易的公平性和效率。

④ 政策整合。将碳交易与其他环境政策工具相结合，形成综合的减排策略。

⑤ 公众参与。提高公众对碳交易的认识，鼓励个人和社区参与减排行动。

1.1.5 实训步骤

根据实训指导内容查找相关资料，完成中国碳交易体系的思维导图。要求思维导图要呈现碳交易体系的框架构成，并回答以下问题：

（1）碳交易市场有哪些参与者？

（2）中国碳交易市场覆盖的行业有哪些？纳入的企业标准是什么？

（3）中国碳交易市场交易的品种有哪些？

（4）中国碳交易市场交易的方式是怎样的？

（5）中国碳交易市场有什么市场调节机制？

1.1.6 思考题

（1）简述中国碳交易体系的构成。

（2）名词解释：配额、MRV 机制、履约机制、CCER。

实训 1.2 对比全国及各试点区域碳交易市场

1.2.1 实训目标

了解全国及各试点区域碳交易市场的差异。

1.2.2 实训内容

列表对比全国及各试点区域碳交易市场。

1.2.3 实训工具、仪表和器材

（1）硬件：联网计算机 1 台；

（2）软件：办公软件。

1.2.4 实训指导

中国的碳市场建设起步于地方试点。2011 年 10 月在北京、天津、上海、重庆、湖北、广东、深圳两省五市开展了碳排放权交易地方试点工作。这些试点的建立标志着中国碳市场从概念走向实践的重要一步。2013 年起，7 个地方试点碳市场陆续开始上线交易，例如，北京市碳市场自 2013 年 11 月 28 日开市以来，已平稳运行多年，初步建立起"制度完善、市场规范、交易活跃、监管严格"的区域性碳排放权交易市场。2016 年 12 月 22 日，福建省开始启动碳交易市场，成为国内第 8 个碳交易试点。

中国碳交易市场试点已覆盖多个重点行业，包括电力、钢铁、水泥、化工等高排放领域。这些行业的选择基于其在全国碳排放总量中的重要比例，以及行业自身减排潜力和需求。

（1）电力行业：作为首批纳入碳交易市场的行业，电力行业在各试点市场中占据重要地位。据统计，电力行业碳排放量约占全国总量的 40%，将其纳入碳交易体系，对实现全国碳减排目标具有显著影响。

（2）钢铁与水泥行业：随着碳市场的发展，钢铁和水泥行业也逐步被纳入试点范围。这两个行业分别作为工业生产中的重要部分，其碳排放量合计约占全国总量的 20%，对碳市场的发展起到了进一步推动作用。

（3）化工及其他行业：化工行业因其生产过程中的高能耗和高排放特点，也被纳入部分试点碳市场。此外，部分试点地区根据自身产业特点，还将造纸、航空等其他行业

纳入碳交易体系。

截至 2024 年，各试点市场已覆盖了电力、钢铁、水泥等 20 多个行业的近 3000 家重点排放单位。

各试点碳市场在建设过程中不断深化制度建设，根据所在区域特点和自身情况，制定了相应的碳排放权交易制度，建立起试点碳交易体系，制定了一系列的政策和措施，如碳排放配额分配、交易规则、市场监管等，并在实践中不断完善，有效促进了试点省市企业温室气体减排。

（1）北京：作为早期试点城市之一，北京市出台了《北京市碳排放权交易管理办法》，明确了市场参与者的权利和义务以及碳排放配额的分配和管理。

（2）上海：上海环境能源交易所作为全国碳交易市场的一个关键平台，制定了详细的交易规则和程序，为市场参与者提供了清晰的操作指南。

（3）广东：广东省发布了《广东省碳排放权交易试点工作实施方案》，提出了具体的市场建设目标和实施步骤，包括碳排放配额的初始分配和交易机制。

（4）深圳：深圳市在碳交易市场建设方面先行先试，出台了《深圳市碳排放权交易管理暂行办法》，为其他地区提供了宝贵经验。

（5）其他地区：湖北、天津、重庆等地也相继出台了各自的法规和细则，共同推动了中国碳交易市场多元化和纵深发展。

地方性法规与实施细则的制定和执行，不仅为碳交易市场提供了法律基础，也为市场参与者提供了稳定预期，促进了市场的健康发展。随着国家政策的不断完善和地方性法规的深入实施，中国碳交易市场逐步走向成熟，为实现国家碳达峰和碳中和目标提供了有力支撑。

与此同时，各试点碳市场根据自身特点，制定了相应的交易制度与流程。这些制度与流程主要包括以下几个方面：

（1）配额分配。试点碳市场通常采用基于强度的配额分配方法，即根据企业的碳排放强度给予相应的配额。配额的初始分配多以免费分配为主，后期逐步引入有偿分配机制。

（2）交易规则。各试点碳市场制定了详细的交易规则，包括交易时间、交易方式（如挂牌交易、大宗交易等）、交易价格形成机制等，确保交易的公平性和透明性。

（3）报告与核查。企业需定期报告碳排放数据，并通过第三方核查机构进行核查，确保排放数据的准确性和可靠性。

（4）履约机制。试点碳市场设立了履约机制，要求企业在履约周期结束前提交足够的配额以覆盖其实际排放量，未能履约的企业将面临罚款等处罚措施。

随着交易制度与规则的执行和完善，各试点市场不断加强碳排放数据的监测、报告和核查（MRV）体系建设，提高了数据质量，为企业碳资产管理提供了坚实的基础。此外，试点市场还探索了包括国家核证自愿减排量（CCER）在内的多样化交易产品，为

企业提供灵活的减排途径。各试点碳交易市场的建设和发展，为全国碳市场建设摸索了制度，锻炼了人才，积累了经验，奠定了基础。

市场活跃度和价格波动是评估试点碳市场运行状况的重要指标。随着试点碳市场的逐步成熟，市场活跃度显著提升，主要表现在市场成交额和参与度两方面。价格波动方面，碳交易价格受多种因素影响，包括政策调整、市场供需关系、企业减排成本等。价格波动反映了市场对碳排放配额的需求和对未来碳价的预期。例如，北京碳市场的成交均价长期处于较高水平，显示出较强的市场稳定性和成熟度。价格形成机制的完善是市场成熟的标志之一。各试点碳市场通过调整交易规则和引入市场调节机制，逐步形成了反映市场供需关系的价格体系。当然，因为区域差异，不同试点碳市场之间也会存在价格差异。这与各地区的经济发展水平、产业结构、能源消费结构等因素有关。例如，广东碳市场成交均价较高，反映了该地区较高的减排成本和较强的市场活跃度。

（1）北京碳市场：北京碳市场作为最早的试点之一，自 2013 年启动以来，市场交易活跃，碳价长期处于较高水平。2023 年成交均价为 113.3 元/吨，同比上涨 17%。

（2）上海碳市场：上海碳市场自 2013 年启动，是交易量最大的试点市场之一。2023 年市场成交均价为 68.15 元/吨，相较于 2022 年上涨了 23.24%

（3）广东碳市场：广东碳市场自 2013 年启动，成交活跃，2023 年成交均价为 75.5 元/吨，与 2022 年基本持平。

（4）深圳碳市场：深圳碳市场自 2013 年启动，2023 年成交均价为 59.4 元/吨，同比上涨 62%，在各个试点碳市场中涨幅最高。

（5）湖北碳市场：湖北碳市场自 2014 年启动，是全国碳市场的重要组成部分，2023 年成交均价和交易量均表现稳定。

（6）重庆碳市场：重庆碳市场自 2014 年启动，市场规模相对较小，但交易量逐年增长。

（7）天津碳市场：天津碳市场自 2013 年启动，2023 年成交量 571 万吨，同比上升 4.7%。

（8）福建碳市场：福建作为第 8 个碳交易试点，自 2016 年启动市场，2023 年成交量达 2590 万吨，同比上升 238%。

从以上数据可以看出，中国各试点碳交易市场在市场活跃度和价格波动方面均取得了积极进展，为全国碳市场的建设和发展积累了宝贵经验。

2017 年年末，经国务院同意，《全国碳排放权交易市场建设方案》印发实施，要求建设全国统一的碳排放权交易市场。2021 年 7 月 16 日，全国碳排放权交易市场启动上线交易。国务院生态环境主管部门负责全国碳排放权交易及相关活动的监督管理工作。发电行业成为首个纳入全国碳市场的行业，其纳入的重点排放单位超过 2000 家，首批覆盖企业的碳排放量超过 40 亿吨二氧化碳，这意味着我国碳市场成为全球覆盖温室气体排放量规模最大的市场。后面全国碳市场计划逐步扩大到其他高耗能高排放行业，如石化、化工、建材、钢铁、有色金属、造纸和国内民用航空等。

截至 2023 年底，全国碳排放权交易市场累计成交量达到 4.4 亿吨，成交额约 249 亿元人民币。2023 年全年碳排放配额（CEA）成交量和成交额分别达到 2.12 亿吨和 144.44 亿元，年末 CEA 的收盘价达到 79.42 元/吨，较前一年度大幅上涨。市场运行整体平稳有序，交易持续活跃，容量不断扩大，市场成熟度逐步提升。

全国碳排放权交易市场是中国为实现碳达峰和碳中和目标、推动绿色低碳发展而建立的重要市场机制。全国碳排放权交易市场的建设和发展，标志着中国在应对气候变化、推动绿色低碳发展方面迈出了坚实的步伐，为全球气候行动贡献了中国智慧和中国方案。

1.2.5　实训步骤

查找全国及各试点区域碳交易市场的相关资料，完成表 1-2-1。

表 1-2-1　全国及各试点区域碳交易市场对比

项　　目	全国	深圳	上海	北京	广东	天津	湖北	重庆	福建
启动时间									
规划管控目标									
配额总量									
覆盖气体									
覆盖行业									
覆盖对象纳入标准									
履约机制规定									
履约时点									
已发布核算方法和报告指南的行业									
提交监测计划时点									
提交排放报告时点									
报告单位的纳入标准									
提交核查报告时间									
核查费用来源									
抽查或复查要求									
交易平台名称									
交易参与者									
交易品种名称及代码									
交易方式									

项　目	全国	深圳	上海	北京	广东	天津	湖北	重庆	福建
交易规则文件									
结算细则文件									
风控细则文件									
违规违约处理办法文件									
信息管理办法文件									
未履约的处罚机制									
最近一个交易日的配额价格									
抵销信用（CCER）比例规定									

注：部分空格如实际不存在，可填写"—"。

1.2.6　思考题

（1）各试点区域碳交易市场对于全国碳交易市场的建立具有什么意义？

（2）各试点区域碳交易市场与全国碳交易市场是如何并存运行的？

实训 1.3　碳交易相关法律法规

1.3.1　实训目标

（1）熟悉碳交易相关法律法规体系；

（2）搜集并学习碳交易相关法律法规。

1.3.2　实训内容

搜集并学习碳交易相关法律法规。

1.3.3　实训工具、仪表和器材

（1）硬件：联网计算机 1 台；

（2）软件：办公软件。

1.3.4　实训指导

1. 碳交易法律法规体系简介

碳交易法律法规体系是碳交易体系的重要组成部分。碳交易法律法规体系是一套旨在规范和促进碳排放权交易活动的法律规范，以实现温室气体排放控制和碳中和目标。

中国在构建碳交易法律法规体系时，借鉴了欧盟等地区的成功经验，并结合国内实际情况进行本土化调整。从早期的地方性试点到全国性碳排放权交易市场的建立，中国的碳交易法律法规经历了逐步完善的过程。法律法规为碳交易市场提供了运行的基本规则，确保了交易的公平性、透明性和有效性。确保碳排放数据的真实性、准确性和完整性是法律法规的重要内容，包括数据报告、核查和清缴等环节。对违反碳交易法律法规的个人和单位，依法给予相应的行政处罚，包括罚款、责令改正等。国务院生态环境主管部门及地方生态环境主管部门负责碳交易市场的监督管理工作。

碳交易法律法规框架是一套完整的法律、法规和政策指导原则，涵盖了碳交易的各个环节，确保碳交易市场的规范运行和健康发展。该框架主要包括以下几个方面：

（1）顶层设计。国家层面的法律法规，如《碳排放权交易管理暂行条例》，为碳交易市场提供基本的法律依据和监管框架。

（2）配额分配。明确碳排放配额的分配原则和方法，包括免费分配和有偿分配等。

（3）市场交易。规定碳排放权的交易方式、交易规则和监管要求，确保交易的公平性和透明性。

（4）数据管理。确保碳排放数据的准确性和完整性，包括排放报告、核查和信息公开等。

（5）监督管理。明确监管机构的职责和权力，对市场参与者进行监督管理，确保其遵守法律法规。

（6）法律责任。规定违反碳交易法律法规的法律后果，包括行政处罚和刑事责任等。

2. 我国碳交易法律法规体系

目前，我国碳市场正全力构建完善碳交易法律法规体系，包括核心管理条例《碳排放权交易管理暂行条例》；配套管理办法《企业温室气体排放报告核查指南（试行）》《关于加强企业温室气体排放报告管理相关工作的通知》和《碳排放权交易管理办法（试行）》；还有若干具体的技术细则以及未来可能出台的一系列相关法规和政策措施，如图 1-3-1 所示。

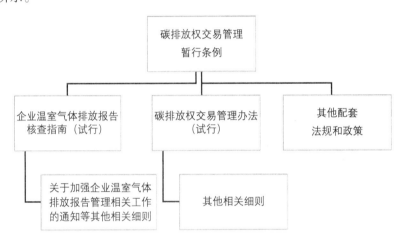

图 1-3-1 碳交易相关法律法规体系

1）碳排放权交易管理暂行条例（以下简称《条例》）

《碳排放权交易管理暂行条例》是中国应对气候变化领域的第一部专门法规，首次以行政法规的形式明确了碳排放权市场交易制度，具有里程碑意义。《条例》明确了体制机制、规范交易活动、保障数据质量、惩处违法行为等方面，为碳市场健康发展提供了法律保障。

《碳排放权交易管理暂行条例》是中华人民共和国国务院为规范碳排放权交易及相关活动，加强对温室气体排放的控制，积极稳妥推进碳达峰碳中和，促进经济社会绿色低碳发展，推进生态文明建设而制定的法规。该《条例》以国务院令第 775 号公布，并于 2024 年 5 月 1 日起施行。

《条例》的总体思路是总结实践经验，构建基本制度框架，保持制度设计的必要弹性，针对碳排放数据造假问题，完善制度机制，有效防范惩治。《条例》明确了监督管理体制，规定国务院生态环境主管部门负责碳排放权交易及相关活动的监督管理工作，同时要求地方人民政府生态环境主管部门负责本行政区域内的监督管理工作。

《条例》从 6 个方面构建了碳排放权交易管理的基本制度框架，包括：注册登记机构和交易机构的法律地位和职责，碳排放权交易覆盖范围、交易产品、交易主体和交易方式，重点排放单位的确定，碳排放配额分配，排放报告编制与核查，碳排放配额清缴和市场交易。

针对碳排放数据造假行为，《条例》强化了重点排放单位的主体责任，加强对技术服务机构的管理，确立了监督检查机制，并加大了处罚力度。《条例》还明确了对操纵市场、扰乱市场秩序等违法行为的处罚措施，以及对拒绝、阻碍监督检查的行为的处罚。

此外，《条例》还规定了信用记录制度，将违反规定受到行政处罚等信息纳入国家有关信用信息系统，并依法向社会公布。对于《条例》施行前已建立的地方碳排放权交易市场，应当参照《条例》规定健全完善有关管理制度，并逐步纳入全国碳排放权交易市场。

2）《企业温室气体排放报告核查指南（试行）》（以下简称《指南》）

《企业温室气体排放报告核查指南（试行）》是中国生态环境部为规范全国碳排放权交易市场企业温室气体排放报告的核查活动而制定的一套指南。这部《指南》旨在确保企业温室气体排放数据的准确性和完整性，支持碳排放权交易市场的健康发展。

《指南》的主要内容包括：

① 适用范围。明确了《指南》适用于省级生态环境主管部门组织对重点排放单位报告的温室气体排放量及相关数据的核查。

② 术语和定义。对重点排放单位、温室气体排放报告、数据质量控制计划、核查等关键术语进行了定义。

③ 核查原则和依据。核查应遵循客观独立、诚实守信、公平公正、专业严谨的原则，并依据《碳排放权交易管理办法（试行）》、生态环境部发布的工作通知、温室气体排放核算方法与报告指南及相关标准和技术规范进行。

④ 核查程序和要点。详细说明了核查的程序，包括核查安排、文件评审、现场核查、出具核查结论等步骤，并强调了核查技术工作组和现场核查组的职责。

⑤ 核查复核和信息公开。《指南》还包括了核查复核的流程和信息公开的要求。

《指南》中还特别提到了对技术服务机构的管理要求，确保核查工作的客观性和公正性。例如，技术服务机构不得提供碳排放配额计算、咨询或管理服务，不得参与碳资产管理、碳交易的活动，以避免利益冲突。

此外，核查过程中，技术工作组将重点核查企业的基本情况、核算边界、核算方法、核算数据、质量控制和文件存档等方面，并对数据质量控制计划的制订和执行情况进行评估。

《指南》的发布和实施，有助于提高企业温室气体排放报告的透明度和可靠性，促进了中国碳市场的规范化和国际化发展。

3）《碳排放权交易管理办法（试行）》（以下简称《办法》）

《碳排放权交易管理办法（试行）》是中国生态环境部为落实国家关于建设全国碳排放权交易市场的决策部署，充分发挥市场机制作用，推动温室气体减排，规范相关交易活动而制定的法规。该《办法》自2021年2月1日起施行。该《办法》适用于全国碳排放权交易及相关活动，包括碳排放配额分配和清缴、碳排放权登记、交易、结算等。

该《办法》包含以下关键内容：

① 目的和适用范围。旨在推动温室气体减排，规范全国碳排放权交易及相关活动，适用于全国碳排放权交易及相关活动，包括碳排放配额分配和清缴，碳排放权登记、交易、结算，温室气体排放报告与核查等。

② 管理原则。坚持市场导向、循序渐进、公平公开和诚实守信的原则。

③ 监管机构。生态环境部负责建设和管理全国碳排放权交易市场，制定技术规范，监督管理全国碳排放权交易及相关活动。

④ 注册登记与交易机构。生态环境部组织建立全国碳排放权注册登记机构和交易机构，负责记录碳排放配额信息和组织交易活动。

⑤ 重点排放单位。符合一定条件的温室气体排放单位应列入重点排放单位名录，负责控制温室气体排放，报告碳排放数据，并清缴碳排放配额。

⑥ 碳排放配额。生态环境部制定碳排放配额总量和分配方案，省级生态环境主管部门根据方案分配配额。

⑦ 交易规则。碳排放权交易应通过全国碳排放权交易系统进行，可以采取协议转让、单向竞价等方式。

⑧ 排放核查与配额清缴。重点排放单位应根据技术规范编制温室气体排放报告，省级生态环境主管部门负责核查并确认实际排放量。

碳交易法律法规体系的建立，标志着中国碳市场法治建设的重要进展，为碳市场的规范化、健康化和长期稳定发展提供了坚实的法律基础。通过这一体系，中国旨在实现碳排放的总量控制，促进产业结构调整和能源结构优化，同时推动绿色低碳技术和产业的发展。同时，中国积极参与国际碳交易机制，与其他国家共同推动全球温室气体减排。未来，中国碳交易市场的法律法规需要与国际市场接轨，以促进跨境碳交易和投资。

随着碳交易市场的深入发展，相关的法律法规将持续完善，以适应市场变化和新的挑战。法律法规的健全将促进碳交易市场的健康发展，提高市场效率，降低交易成本。

碳交易法律法规是实现中国碳达峰和碳中和目标的重要工具，将在未来发挥更加关键的作用。

1.3.5 实训步骤

通过网络搜索等方式，分别搜集全国、广东、深圳发布的碳交易相关的法律法规文件，进行文件汇编。参考表 1-3-1（可自行添加行）列出文件汇编清单，并将文件下载下来，按照颁布的时间先后顺序进行排序，在文件名前加上序号。如果不能下载的，需要贴上文件链接。下载的文件统一打包压缩后和汇编清单一起上交。

指引：可以到生态环境部网站、国家发改委网站、工业和信息化部网站、碳排放交易网、广东省生态环境厅网站、广东省发改委网站、深圳市生态环境局网站、深圳市发改委网站等站点搜索"碳排放""碳交易""碳市场""温室气体"等关键词进行查找。

表 1-3-1　碳交易相关法律法规文件汇编清单

序号	文件名称	颁布时间	实施时间	实施范围（选填：全国、广东、深圳）	颁布部门	链接或注明已下载	备注
1							
2							
3							
4							
5							
6							
7							
8							

对搜集的法律法规文件进行学习，重点学习《碳排放权交易管理办法（试行）》《碳排放权交易管理暂行条例》《碳排放权登记管理规则（试行）》《碳排放权交易管理规则（试行）》和《碳排放权结算管理规则（试行）》。

1.3.6 思考题

碳交易相关法律法规体系对于碳交易市场的建立具有什么样的作用？

实训 1.4　配额总量设定及配额分配

1.4.1　实训目标

（1）了解配额总量的设定；

（2）掌握配额分配的方法。

1.4.2　实训内容

确定企业可分配到的配额。

1.4.3　实训工具、仪表和器材

（3）硬件：联网计算机 1 台；

（4）软件：办公软件。

1.4.4　实训指导

1. 配额总量的设定

工业革命以来，经济增长长期消耗大量的能源，伴随着大量的碳排放，经济增长与碳排放形成了相挂钩的关系。随着近些年的发展，经济增长与碳排放脱钩成为了实现可持续发展的重要途径。根据世界银行的数据，许多发达国家已经实现了碳排放与 GDP 增长的脱钩，即在经济增长的同时，碳排放量不再增加。这主要得益于能源效率的提高、可再生能源的使用以及产业结构的优化。环境库兹涅茨曲线（EKC）假说认为，随着国家收入水平的增加，环境压力会先增加后减少，形成一个倒 U 形曲线。这一理论为碳排放配额总量设定提供了理论依据。在低收入阶段，碳排放量随着经济的增长而增加；而在高收入阶段，随着环保意识的提高和技术的进步，碳排放量达到峰值后将逐渐减少。因此，在设定碳排放配额总量时，应考虑国家的经济发展阶段和环境承载能力，应平衡经济增长的潜力和碳排放的减少潜力。

总量控制是实现碳排放峰值和碳中和目标的关键手段。根据国际能源署（IEA）的数据，全球碳排放量在 2019 年达到了 33 吉吨（Gt），而为了实现《巴黎协定》的目标，需要在 2050 年前实现净零排放。因此，设定一个合理的总量控制目标是至关重要的。总量控制通常基于国家或地区的碳排放峰值目标，通过科学预测和模型分析，确定一个时间表，逐年减少碳排放量，直至达到峰值。

碳排放配额是指规定时期内分配给重点排放单位的二氧化碳等温室气体的排放额度。1个单位碳排放配额相当于向大气排放1 t的二氧化碳当量。

配额总量是指在一个特定时期内，政府或监管机构允许市场参与者排放的温室气体总量上限。这一总量反映了国家或地区的减排承诺，是碳交易市场有效运作的前提。配额总量设定是碳交易市场运行的核心，它直接决定了市场的规模、碳价的稳定性以及减排目标的达成。

配额总量的多少决定了配额供给的多寡，进而影响到碳市场中配额的价格。一般地，配额总量越多，供给充足的情况下，市场上配额价格越低；反之，配额总量越少，供给不足的情况下，市场上配额价格就越高。因此，在实际设定配额总量的过程中，既要考虑总体规划的减排目标，又要考虑经济发展水平、企业的实际生产情况和减排成本。在两者间取得平衡，从而设定出配额总量。

通常，配额总量设定的要达到的目标和遵循的原则如下：

（1）减排目标的设定依据。配额总量的设定必须与国家的长期减排目标相一致，通常依据《巴黎协定》下的国家自主贡献（NDCs）目标、可持续发展目标（SDGs）以及国内的能源和气候政策。

（2）经济发展与环境责任相平衡。在设定配额总量时，必须考虑到经济发展阶段、行业竞争力和就业等因素，确保减排措施不会对经济造成不可承受的冲击。

（3）公平性、透明度和效率原则。配额总量的设定应公开透明，确保所有市场参与者都能平等获取信息，同时提高减排效率，降低整体减排成本。

基于以上目标和原则，碳排放配额总量设定的理论方法主要包括：

（1）基于排放峰值法。此方法根据国家或地区的碳排放历史数据和峰值预测来设定配额总量，确保排放量在达到峰值后逐年下降。

（2）基于经济增长法。该方法结合宏观经济模型，考虑GDP增长率、能源消耗强度等因素，预测未来碳排放趋势，从而确定配额总量。

（3）基于环境容量法。该方法根据生态系统的碳汇能力，确定大气中可承受的二氧化碳浓度，反推所需的碳排放配额总量。

（4）基于国际协议法。该方法依据《巴黎协定》等国际协议规定的国家自主贡献（NDCs）目标，设定国家碳排放配额总量。

实际操作中，配额总量设定的方式通常有两种，分别是自上而下和自下而上。

自上而下是指政府根据其总体减排目标及各个行业的减排潜力和成本来设定配额总量。通过这种方法，可以更轻松地进行宏观把控，将碳市场的总体减排目标与该地区规划的减排目标和减排速度保持一致。在程序上，应先确定碳市场配额总量，再确定这些配额通过何种方式分配至控排企业。这种方法有利于整体减排目标的实现，但可能缺乏对地方或行业具体条件的考量。

自下而上是指政府根据对每个行业、子行业或参与者的排放量、减排潜力和成本的评估确定配额总量，并为每个行业、子行业或参与者确定适当的减排潜力。然后通过汇总这些行业、子行业或参与者的排放/减排潜力，来确定整个碳市场配额总量。这种方法在程序上，应先确定各行业的配额分配方法，计算各控排企业的配额数量，再加总形成碳市场配额总量。这种做法更加细致和精准，但也增加了管理复杂度和数据收集难度。目前，全国碳市场采用的就是自下而上法。

2. 配额分配方法

在全国碳交易市场以及试点市场的实践中，配额分配方式有无偿分配、有偿分配和混合分配三种。无偿分配采用的分配方法有基准法和历史强度法；有偿分配采用的分配方法有拍卖法；混合分配则是将配额总量部分采用无偿分配方法，部分采用有偿分配方法的一种方式。

目前我国碳交易市场及试点市场采用的分配方式以无偿分配为主，其目的主要是在市场建立初期活跃市场，同时减轻企业的减排负担。在无偿分配的同时，有的市场管理者会留存一定量的配额进行有偿分配，主要以拍卖竞拍的方式进行分配，一方面能起到利用市场配置资源的作用，另一方面也能在市场价格波动过大时进行价格调控，起到稳定市场，避免市场恶性炒作而丧失市场有效性的作用。下面对配额无偿分配采用的方法进行详细介绍。

无偿分配采用的方法主要有基准法和历史强度法。基准法是指根据重点排放单位的实物产出量（活动水平）、所属行业排放基准和调整系数三个要素，计算重点排放单位配额。基准法以同行业现行水平作为基准，比如把整个行业的前15%、25%作一个加权平均作为基准值，在此基础上结合重点排放单位活动水平和所属行业调整系数进行碳配额分配。历史强度法是指根据排放单位的实物产出量（活动水平）、历史强度值、历史强度下降率和调整系数四个要素，计算重点排放单位配额。主要考虑的是在企业产品类别比较多的情况下，企业自身进行纵向对比，比如与过去3年~5年的平均水平去比。

我国在配额分配方面采用分行业分配方法，并设立了分行业专家支持小组到企业开展实地调研，针对分行业指导选用适当的配额分配方法。目前，已经应用基准法的几个行业有电力、电解铝、水泥行业。这些行业都有一个中间产品是行业公认的，产品类别比较单一。比如，电力行业的最终产品是电，电解铝行业的最终产品是原铝。但是对其他行业，比如钢铁行业、化工行业、造纸行业，产品类别很多，没法选一个共有的产品进行对比。在这种情况下，选历史强度下降法相对合理。

综上，对各种配额分配方法进行总结归纳如下：

1）无偿分配

① 基准法。

定义：通过设定一个行业或产品的碳排放效率基准，然后根据实际产量与基准来计算企业的配额。

适用行业：如发电行业。

优点：激励企业通过提高能效来减少碳排放。

缺点：可能无法充分考虑企业的个体差异。

② 历史排放法。

定义：历史排放法是一种基于历史碳排放量的分配方法。

适用行业：广泛适用。

优点：在内部差异较大而又相对稳定成熟的行业，可快速计算出碳配额额度。

缺点：有增加赚取暴利的可能性，不利于激励减排。

③ 历史强度法。

定义：使用历史排放强度和实时排放量来计算企业应得的配额额度。

适用行业：广泛适用。

优点：防止碳泄漏，奖励先期减排行动者。

缺点：可能导致行政管理上的复杂性。

2）有偿分配

常用的有偿分配方法是拍卖。

定义：通过拍卖方式分配配额，可以是少量配额或作为市场调节方式。

适用行业：广泛适用。

优点：价格发现、提高市场流动性、筹集碳减排资金。

缺点：可能导致碳价波动，增加企业的不确定性。

3）混合使用

定义：结合无偿分配和有偿分配的方式。

适用行业：广泛适用。

优点：平衡市场和政策的双重需求，灵活性高。

缺点：需要复杂的管理和协调机制。

总体来说，全国碳排放权交易体系的配额分配思路要点为：① 最大可能地利用基准法，从而规避经济变化造成的不确定性，避免过多的配额事后调整。一般企业间可比性好、数据可获得性好的"双好"子行业会采用基准法进行配额分配。② 少数子行业采用历史强度法。企业之间可比性差、数据可获得性差的子行业采用历史强度法。

3. 配额分配的优化建议

（1）强化数据准确性。提高配额分配的数据准确性是优化配额分配的关键。需要加强企业排放数据的监测、报告和核查，确保配额分配的科学性和公正性。

（2）建立动态调整机制，根据经济发展、技术进步和市场变化等因素，适时调整配额总量和分配方法，以适应不断变化的市场需求。

（3）提高市场透明度，确保配额分配过程公开、公平、公正，增强市场参与者的信心，促进碳市场的健康发展。

1.4.5 实训步骤

（1）下载并认真学习国家当年度发布的配额总量设定与分配文件，比如《2021、2022 年度全国碳排放权交易配额总量设定与分配实施方案（发电行业）》，画出相应的思维导图。

（2）完成下面相应的案例练习：某热电联供企业 2022 年有 450 MW 常规燃煤机组 2 组，250 MW 常规燃煤机组 4 组，燃气机组 2 组，生物质发电机组 1 组，各机组 2022 年运行情况见表 1-4-1。请根据表中信息，计算该企业 2022 年核定的碳配额数量，写出详细的计算过程和计算依据。

表 1-4-1　各机组 2022 年运行情况及配额分配核定

序号	机组名称	机组供电量/（MW·h）	冷却方式	供热比	机组负荷（出力）系数	机组供热量/GJ	核定配额量	总计
1	450 MW 常规燃煤机组 1	2 975 000	水冷凝汽器	25%	85%	3 570 000		
2	450 MW 常规燃煤机组 2	3 010 000	空冷凝汽器	25%	80%	3 612 000		
3	250 MW 常规燃煤机组 1	1 715 000	水冷凝汽器	25%	85%	2 058 000		
4	250 MW 常规燃煤机组 2	1680 000	空冷凝汽器	25%	80%	2 016 000		
5	250 MW 常规燃煤机组 3	1680 000	水冷凝汽器	25%	75%	2 016 000		
6	250 MW 常规燃煤机组 4	1645 000	背压机组	25%	70%	1 974 000		
7	燃气机组 1	1 800 000	—	25%	—	2 160 000		
8	燃气机组 2	1 800 000	—	25%	—	2 160 000		
9	生物质发电机组 1	1 650 000	水冷凝汽器	25%	—	1 980 000		

（3）下载并认真学习广东省当年度发布的配额分配文件，比如《广东省 2022 年度碳排放配额分配方案》，画出相应的思维导图。

（4）完成下面相应的案例练习：广东省（非深圳地区）有几家企业 2022 年生产经营状况如下。请根据以下信息，计算各家企业 2022 年核定的碳配额数量，写出详细的计算过程和计算依据。

① 某水泥厂 2022 年生产经营状况如下，请填写表 1-4-2~表 1-4-4 相关空格，综合

计算得出该企业 2022 年度核定的碳配额数量。

表 1-4-2　各生产线配额分配核定

生产工序	配额分配方法	生产线	2022 年产量/t	生产线配额
熟料生产		4500 t/d 普通熟料生产线	1 800 000	
熟料生产		3000 t/d 普通熟料生产线	900 000	
熟料生产		1500 t/d 普通水泥生产线	450 000	
熟料生产		白水泥熟料生产线（设计产能 1500 t/d）	450 000	
水泥粉磨		水泥粉末生产线	2 880 000	

表 1-4-3　矿山开采生产线配额分配核定

生产工序	配额分配方法	生产线	近三年碳排放量/（tCO$_2$）		生产线配额
矿山开采		矿山开采生产线	2019 年	1080 000	
			2020 年	1000 000	
			2021 年	920 000	

表 1-4-4　其他粉末生产线配额分配核定

生产工序	配额分配方法	生产线	近三年碳排放强度/（tCO$_2$/t 产品）		2022 年产量/t	生产线配额
其他粉末		其他粉末生产线	2019 年	0.055	180 000	
			2020 年	0.060		
			2021 年	0.065		

② 某钢铁厂 2022 年生产经营状况如下，请填写表 1-4-5~表 1-4-7 相关空格，综合计算得出该企业 2022 年度核定碳配额数量。

表 1-4-5　各生产工序配额分配核定

生产工序	配额分配方法	产品名称	2022 年产量/t	生产线配额
炼焦		焦炭	400 000	
石灰烧制		生石灰（包括以石灰石和白云石为原料的石灰烧制产品）	160 000	
球团		球团矿	800 000	
烧结		烧结矿	1 200 000	
炼铁		生铁	3 600 000	
炼钢（转炉）		粗钢（转炉）	1600 000	
炼钢（电炉）		粗钢（电炉）	240 000	

表 1-4-6　钢压延与加工工序配额分配核定

生产工序	配额分配方法	近三年碳排放强度/ （tCO₂/t 产品）		2022 年产量/t	工序配额
钢压延与加工		2019 年	0.48	4 000 000	
		2020 年	0.49		
		2021 年	0.50		

表 1-4-7　外购化石燃料掺烧发电工序配额分配核定

生产工序	配额分配方法	近三年碳排放强度/ （tCO₂/10⁴kWh）		2022 年产量/ （10⁴kWh）	工序配额
外购化石燃料掺烧发电		2019 年	0.091	184 000	
		2020 年	0.092		
		2021 年	0.095		

③ 某化工企业 2020—2022 年均不涉及新建项目。2022 年纳入全国碳交易市场的自备电厂根据石化指南计算可得碳排放量为 36750 tCO₂，其他生产经营状况如下，请填写表 1-4-8、表 1-4-9 中相关空格，综合计算得出该企业 2022 年度核定碳配额数量。

表 1-4-8　煤制氢工序配额分配核定

生产工序	配额分配方法	近三年碳排放强度/ （gCO₂/t）		2022 年氢气产量/t	煤制氢装置配额
煤制氢		2019 年	22 500	600 000	
		2020 年	22 550		
		2021 年	22 540		

表 1-4-9　其他装置工序及配套工程配额分配核定

生产工序	配额分配方法	近三年碳排放量/tCO₂		该部分配额
其他装置工序及配套工程		2019 年	50 500	
		2020 年	50 250	
		2021 年	50 750	

④ 某造纸厂 2022 年各生产线均未达到设计产能，其生产经营状况如下，请填写表 1-4-10 相关空格，综合计算得出该企业 2022 年度核定碳配额数量。

表 1-4-10　各产品产量及对应配额分配核定

产品名称	2022 年产量/t	配额分配方法	该部分配额
白纸板	400 000		
涂布牛卡纸	350 000		
新闻纸	500 000		
卫生用纸原纸	500 000		
卫生纸	400 000		
纸尿片	300 000		
外购原料加工成纸板	400 000		

⑤ 某造纸厂 2022 年各生产线均未达到设计产能,其生产经营状况如下,请填写表 1-4-11 相关空格,综合计算得出该企业 2022 年度核定碳配额数量。

表 1-4-11　无碳复写原纸生产线配额分配核定

生产线	配额分配方法	近三年碳排放强度/（tCO$_2$/t）		2022 年产量/t	该部分配额
无碳复写原纸生产线		2019 年	0.11	1 500 000	
		2020 年	0.10		
		2021 年	0.10		

⑥ 某全面服务航空公司 2022 年经营状况如下,请填写表 1-4-12 相关空格,综合计算得出该企业 2022 年度核定碳配额数量。

表 1-4-12　各机型运营情况及配额分配核定

机型	2022 年运输周转量（万吨·公里）	配额分配方法	该部分配额
A330-200	400 000		
B777-200B	300 000		
A380-800	300 000		
B737-700	180 000		
A319-100	180 000		
A320-200	150 000		
B757-200	100 000		
EMB145-LR	100 000		
EMB145-LR	100 000		
B737-300F	100 000		
B737-300F	100 000		
C919	50 000		
ARJ21	50 000		

1.4.6 思考题

（1）碳市场配额分配方式选用上，什么时候用基准法？什么时候用历史强度法？

（2）碳市场配额分配方式基准法如何设定基准？

项目 2　熟悉碳交易相关系统

项目目标

（1）熟悉碳交易相关系统及其开户流程；

（2）熟悉全国碳排放权注册登记结算系统的重点排放单位用户功能并掌握常用操作；

（3）熟悉全国碳排放权交易系统客户端用户功能并掌握相关功能操作。

项目任务

（1）画出碳交易相关系统相互关系的思维导图，画出碳交易相关系统开户流程的思维导图；

（2）画出全国碳排放权注册登记结算系统（重点排放单位用户）功能及常用操作步骤的思维导图；

（3）画出全国碳排放权交易系统客户端功能及操作步骤的思维导图。

实训 2.1　熟悉碳交易相关系统及开户流程

2.1.1　实训目标

（1）熟悉碳交易相关系统；

（2）熟悉碳交易相关系统开户流程。

2.1.2　实训内容

（1）画出碳交易相关系统相互关系的思维导图；

（2）熟悉碳交易相关系统开户流程，画出相应的思维导图。

2.1.3　实训工具、仪表和器材

（1）硬件：联网计算机 1 台；

（2）软件：Xmind 或百度脑图等思维导图软件。

2.1.4　实训指导

1. 碳交易相关系统

目前我国碳交易市场主要有五大系统，这五大系统分别是碳排放权注册登记结算系统、碳排放权交易系统、温室气体排放数据直报系统、温室气体自愿减排交易系统、温室气体自愿减排注册登记系统。

1）碳排放权注册登记结算系统

碳排放权注册登记结算系统是碳交易市场的基础设施之一，它为碳排放权的持有、交易、结算等环节提供电子化、标准化的服务。一般来讲，碳排放权注册登记结算系统是指为各类市场主体提供碳排放配额法定确权登记、结算和注销服务，实现配额分配、清缴及履约等业务管理的电子系统。

（1）核心功能。

碳排放权注册登记结算系统的核心功能包括：

① 碳排放权账户管理：为参与碳市场的企业和个人开设账户，管理账户信息，确保账户安全。

② 碳排放权持有管理：记录和管理账户持有碳排放权的数量、类型、来源等信息。

③ 碳排放权结算服务：完成碳排放权交易的资金结算，确保交易双方的权益。

（2）运行机制。

运行机制方面，碳排放权注册登记结算系统遵循以下流程：

① 账户开设：企业或个人需提交相关材料，经审核后开设账户。

② 权益登记：系统根据交易结果，更新账户的碳排放权持有情况。

③ 结算处理：系统在交易完成后，按照规定的时间节点进行资金结算。

（3）主要作用。

碳排放权注册登记结算系统在我国碳交易市场中的作用主要体现在以下几个方面：

① 保障交易安全：通过电子化、标准化的流程，减少交易纠纷，保障交易双方的权益。

② 提高交易效率：实现碳排放权的快速登记、交易和结算，降低交易成本。

③ 促进市场监管：为政府部门提供实时、准确的碳排放权交易数据，便于进行市场监管。

总体来说，碳排放权注册登记结算系统是统一存放全国碳市场中碳资产和资金的"仓库"，通过制定注册登记相关制度及其配套业务管理细则，对注册登记系统及其管理机构实施监管。碳资产的归属、数量确认以注册登记系统录入的信息为准，注册登记系统中的信息是判断配额等碳资产归属的最终依据。

2）碳排放权交易系统

碳排放权交易系统是碳市场中的交易平台，为买卖双方提供碳排放权的在线交易服务。该系统是为了支撑整个碳排放权交易的网上开户、客户管理、交易管理、挂单申报、撮合成交、行情发布、风险控制、市场监管等综合功能的电子系统。交易系统的目标是高效、安全、便捷地实现碳排放权交易。

（1）主要功能。

碳排放权交易系统的主要功能如下：

① 交易：主要作用是组织碳排放产品的挂单、撮合。

② 成交确认：交易双方确认成交结果，系统生成交易凭证。

③ 信息发布：实时发布每日碳排放权交易的行情信息和市场历史信息；

④ 市场监管：负责对交易行为进行监控并发出预警。

（2）系统构架。

碳排放权交易系统的架构通常包括以下几个部分：

① 用户界面：为用户提供便捷的操作界面，包括交易下单、撤单、查询等。

② 交易引擎：处理交易撮合逻辑，确保交易的公平、公正。

③ 数据库：存储交易数据，包括用户信息、交易记录、成交结果等。

（3）基本交易流程。

碳排放权交易系统的基本交易流程如下：

① 注册登录：用户需注册账号并登录系统，方可进行交易。

② 发布交易需求：用户根据自身需求，发布买入或卖出碳排放权的订单。

③ 交易撮合：系统根据价格优先、时间优先的原则，自动匹配买卖双方订单。

④ 成交确认：交易双方确认成交结果，系统生成交易凭证。

（4）应用价值。

碳排放权交易系统为我国碳市场提供了高效的交易渠道，其应用价值主要体现在：

① 促进碳排放权合理配置：通过市场机制，实现碳排放权的优化配置，降低全社会减排成本。

② 激发企业减排积极性：企业可通过交易碳排放权获得收益，从而提高减排积极性。

③ 提升市场流动性：便捷的交易系统吸引了更多参与者，提高了市场流动性。

3）企业温室气体排放数据直报系统

企业温室气体排放数据直报系统由综合管理、数据报告与监测、核算方法与规则管理、数据质量控制与审核、数据分析与发布五大子系统构成，是集重点排放单位温室气体排放数据报告与审核、国家/省（市）级生态环境主管部门温室气体排放报告管理、温室气体排放方法学管理、排放数据综合分析与发布等需求为一体的综合型温室气体管控工具，服务用户包括国家及地方主管部门、重点企业、技术支撑机构及社会公众等。

（1）主要功能。

温室气体排放数据直报系统是企业向政府部门报送碳排放数据的平台。其主要功能包括：

① 数据填报：企业在线填报碳排放数据，包括排放源、排放量、减排措施等。

② 数据审核：政府部门对企业报送的数据进行审核，确保数据质量。

③ 数据查询与统计分析：提供数据查询、统计、分析等功能，为政策制定提供依据。

（2）系统架构。

企业温室气体排放数据直报系统的架构通常包括以下几个部分：

① 数据填报模块：为企业提供数据填报界面，支持企业按照规定的格式和要求填报碳排放数据。

② 数据审核模块：政府监管部门使用，用于对企业提交的数据进行审核、反馈。

③ 数据管理模块：负责数据的存储、管理和备份，确保数据安全。

④ 统计分析模块：对收集的数据进行汇总、统计和分析，为政策制定和决策提供支持。

（3）数据报送流程。

企业温室气体排放数据直报系统数据报送流程如下：

① 企业填报：企业根据实际排放情况，通过系统填报温室气体排放数据。

② 地方审核：地方生态环境部门对企业填报的数据进行初步审核，确保数据的真实性、准确性。

③ 上级复核：上级生态环境部门对地方审核通过的数据进行复核，确保数据质量。

④ 数据入库：审核通过的数据存储至数据库，供查询和分析使用。

（4）主要作用。

温室气体排放数据直报系统在碳排放监测与报告中的作用主要体现在：

① 提高数据报送效率：实现企业碳排放数据的在线填报，简化报送流程，提高效率。

② 确保数据质量：通过多级审核机制，确保报送数据的真实性、准确性。

③ 支持政策制定：为政府部门提供详实的碳排放数据，支持相关政策制定和决策。

国家温室气体排放数据直报系统自运行以来，已覆盖全国数十万家企业，累计报送碳排放数据数亿吨。系统的有效运行，为我国碳排放监测和管理提供了重要支撑。

4）温室气体自愿减排交易系统

全国碳市场分为强制履约市场及自愿减排市场两个部分，温室气体自愿减排交易系统是全国碳市场的有益补充和有机组成，两者共同构成我国完整的碳交易体系。作为碳配额的补充，被纳入全国碳市场的重点排放单位既可以在碳市场直接购买其他企业的碳配额，也可以购买 CCER 抵销碳排放量。全国碳市场在首个履约周期内便启用了 CCER 抵销机制，重点排放单位每年可以使用 CCER 抵销碳排放配额清缴，但抵销比例不超过应清缴碳排放配额的 5%。

温室气体自愿减排交易系统是为企业和个人提供自愿减排项目核证减排量交易的平台。其主要功能是核证减排量交易。

（1）系统架构。

温室气体自愿减排交易系统的架构通常包括以下几个部分：

① 账户注册模块：用于账户注册、审批和登录等。

② 交易模块：提供减排量交易的撮合、成交确认等功能。

③ 管理模块：对交易数据进行监督、跟踪管理等。

（2）系统交易流程。

温室气体自愿减排交易系统的交易流程如下：

① 注册登录：用户需注册账号并登录系统，方可进行交易。

② 发布交易需求：用户根据自身需求，发布买入或卖出核证减排量的订单。

③ 交易撮合：系统根据买卖双方需求，撮合减排量交易。

④ 成交确认：交易双方确认成交结果，系统生成交易凭证。

（3）主要作用。

温室气体自愿减排交易系统在推动企业减排中的作用主要体现在：

① 激励企业参与减排：企业通过参与自愿减排项目，可以获得减排量收益，提高减排积极性。

② 促进绿色低碳发展：推动企业采取减排措施，降低温室气体排放。

③ 增强市场活力：吸引更多企业和个人参与减排项目，提高市场流动性。

5）温室气体自愿减排注册登记系统

与温室气体自愿减排交易系统配套的是温室气体自愿减排注册登记系统，其功能类似于碳排放权注册登记结算系统之于碳排放权交易系统，主要为各类市场主体提供自愿减排量法定确权登记、结算和注销服务，实现自愿减排量抵销等业务管理的电子系统。

温室气体自愿减排注册登记系统是记录和管理自愿减排项目信息、减排量核证与注销等数据的系统。

（1）主要功能。

温室气体自愿减排注册登记系统的主要功能包括：

① 项目信息管理：记录自愿减排项目的详细信息，包括项目类型、实施主体、减排量等。

② 减排量核证：对项目产生的减排量进行核证，确保减排量真实、有效。

③ 减排量注销：对已交易的减排量进行注销，防止重复交易。

（2）系统架构。

温室气体自愿减排注册登记系统的架构包括以下几个部分：

① 项目信息管理模块：负责项目信息的录入、查询、修改等。

② 减排量核证模块：对项目减排量进行核证，确保数据准确性。

③ 减排量注销模块：对已交易的减排量进行注销处理。

（3）主要作用。

温室气体自愿减排注册登记系统在自愿减排市场中的作用主要体现在：

① 保障市场秩序：通过规范项目减排量核证和注销流程，确保市场秩序。

② 提高数据透明度：为市场参与者提供权威、透明的减排量数据，增强市场信任度。

③ 支持政策制定：为政府相关部门提供核证自愿减排量相关数据，辅助政策制定和效果评估。

2. 五大系统之间的关联与协同

五大系统各有其独特的功能和作用，相互之间通过数据交互和业务协同，共同构成了我国碳交易市场的核心基础设施。它们之间的关联与协同主要表现在：

（1）系统间的数据交互与共享。

五大系统之间的数据交互与共享是确保碳交易市场高效运行的关键。以下是一些关键的数据交互点。

① 碳排放权注册登记结算系统与碳排放权交易系统：交易系统将成交信息传递给注册登记结算系统，以便进行权益的变更和资金的结算。

②温室气体排放数据直报系统与碳排放权注册登记结算系统：直报系统的数据可为注册登记系统提供企业碳排放的实际情况，用于碳排放权的分配和调整。

③温室气体自愿减排交易系统与温室气体自愿减排注册登记系统：自愿减排交易系统的成交信息需要同步到注册登记系统，以便核证和注销减排量。

（2）系统间的业务协同与配合。

各系统在业务上的协同与配合体现在以下几个方面：

①碳排放权的分配与交易：碳排放权注册登记结算系统负责碳排放权的初始分配和变更登记，碳排放权交易系统负责碳排放权的交易撮合。

②减排量的核证与交易：温室气体自愿减排注册登记系统负责减排量的登记和注销，温室气体自愿减排交易系统负责减排量的交易。

③数据的报送与审核：温室气体排放数据直报系统负责企业数据的报送，政府部门通过审核系统对数据进行分析和监管。

（3）系统间协同对我国碳交易市场的影响。

系统间的协同对我国碳交易市场产生了深远的影响，主要表现在以下几方面：

①提升市场效率：通过系统间的协同，简化了交易流程，提高了市场效率。

②保障数据一致性：确保了不同系统间数据的一致性和准确性，为市场监管提供了可靠依据。

③增强市场信心：系统间的协同运作，增强了市场参与者对碳市场的信心，促进了市场的健康发展。

3. 我国碳交易平台系统的发展趋势

由于目前仍处于全国碳交易市场建设初期，全国市场上这五大系统仍在丰富功能和不断完善中。而在部分省市试点市场上，这五大系统也并非都同时存在，部分系统可能相互合并成一个系统。未来我国碳交易平台系统将向以下趋势发展：

（1）系统功能不断完善与优化。

随着碳市场的不断发展，平台系统的功能将不断完善和优化，以满足市场需求。例如：

①引入更多的交易品种，如碳期货、碳期权等；

②提供更加灵活的交易规则，以适应不同类型的市场参与者；

③增加数据分析功能，为市场参与者提供决策支持。

（2）技术创新推动系统升级。

技术的不断创新将为碳交易平台系统带来升级，包括：

①利用区块链技术提高数据的安全性和透明度；

②应用大数据分析技术，提升市场监控和预测能力；

③探索人工智能在碳交易中的应用，如智能合约、自动化交易等。

（3）政策支持与监管力度加强。

政府将继续出台相关政策，支持碳市场的发展并加强市场监管，包括：

① 完善碳市场法律法规体系，为系统运行提供法律支持；

② 加强对系统用户进行监管，确保市场秩序；

③ 提供政策激励，鼓励更多用户参与使用碳交易相关系统。

（4）市场主体参与度提升。

随着碳市场影响力的扩大，市场主体的参与度将不断提升，表现为：

① 更多用户参与碳交易，增加碳交易系统的使用率；

② 社会公众对碳减排的认知增强，参与核证减排项目、碳普惠项目的积极性提高。

2.1.5　实训步骤

（1）根据以上实训指导内容并查找相关资料，完成碳交易相关系统相互关系的思维导图。要求思维导图要呈现各系统的功能及相互关系。

（2）查阅相关资料，如《全国碳排放权注册登记结算系统账户开立业务流程》《全国碳排放权交易重点排放单位交易账户开户指引》和《全国温室气体自愿减排注册登记系统和交易系统联和开户须知》等，梳理碳交易相关系统开户流程的思维导图，要求思维导图要呈现碳交易相关系统开户条件、开户准备资料和开户流程等。

注：此实训包括碳排放权注册登记结算系统、碳排放权交易系统、温室气体自愿减排交易系统与温室气体自愿减排注册登记系统联合开户，共三个开户流程。温室气体排放数据直报系统开户不属于本教材范围，此处不作要求。

2.1.6　思考题

（1）我国碳交易市场有哪些相关系统？

（2）我国碳交易相关系统间具有怎样的相互关系？

实训 2.2　全国碳排放权注册登记结算系统功能及操作

2.2.1　实训目标

（1）熟悉全国碳排放权注册登记结算系统的重点排放单位用户功能；

（2）掌握全国碳排放权注册登记结算系统重点排放单位用户的常用操作。

2.2.2　实训内容

画出全国碳排放权注册登记结算系统（重点排放单位用户）功能及常用操作步骤的思维导图。

2.2.3　实训工具、仪表和器材

（1）硬件：联网计算机 1 台；

（2）软件：Xmind 或百度脑图等思维导图软件。

2.2.4　实训指导

1. 全国碳排放权注册登记结算系统简介

根据《碳排放权交易管理办法（试行）》的规定：生态环境部负责建立和管理全国碳排放权注册登记结算系统（以下简称注册登记结算系统）。注册登记结算系统管理机构（以下简称注册登记结算机构）受生态环境部委托，负责组织实施和监督管理全国碳排放权登记、存放、结算等。

2021 年，注册登记结算机构碳排放权登记结算（武汉）有限责任公司（简称"中碳登"）设立。注册登记结算机构秉承安全、高效的基本原则，为全国各级生态环境部门提供配额分配、清缴履约等综合管理服务，为全国碳市场各类交易主体提供账户注册、碳排放权登记、交易结算、资产管理等市场化服务。

注册登记结算系统用于记录全国碳排放权的持有、转移、清缴履约、注销等相关信息，实现全国碳排放权交易的结算及管理。全国碳排放权的持有以注册登记结算系统中记载的信息为准。

注册登记结算系统分别为生态环境部和省级生态环境主管部门、重点排放单位、符合规定的机构和个人等设立具有不同功能的账户。各方开立账户后，在注册登记结算系统中进行排放配额管理的相关业务操作。下面主要介绍重点排放单位如何使用全国碳排放权注册登记结算系统。

2. 全国碳排放权注册登记结算系统开户、登录及账户管理

1）开户成功后获取账号密码、CA 证书二码和 USB-KEY

重点排放单位开户成功后，注册登记结算系统账号密码及 CA 证书二码（参考号及授权码）将通过短信及邮件方式发送至各重点排放单位账户代表手机号及邮箱中。

注册登记机构完成各省重点排放单位开户后，统一将新增重点排放单位的 USB-KEY 邮寄至各省级生态环境主管部门；省级生态环境主管部门收到 USB-KEY 并核实数量后，将 USB-KEY 分发至各重点排放单位。（注意事项：统一发放至各省级生态环境主管部门的 USB-KEY 均无区别。）

2）账户登录及账户管理

登录账户的计算机要符合以下配置要求：

（1）硬件要求：

CPU：Intel i3、AMD A10 以上；

内存：4G 以上；

硬盘：1G 以上剩余空间；

互联网接入：必备；

USB 接口：必备。

（2）系统要求：

操作系统：Windows 7、Windows 10；

浏览器：IE8、Chrome、Firefox、Edge（2018 年以后发布的版本）；

证书驱动：需要安装（具体操作见"全国碳排放权注册登记结算系统 USB-KEY 使用手册"）；

USB-KEY 驱动：需要安装并启动（具体操作见"全国碳排放权注册登记结算系统 USB-KEY 使用手册"）。

（3）账户登录。

① USB-KEY 使用：确认 USB-KEY 驱动已启动。若电脑右下角程序栏显示 🔒 图标，则 USB-KEY 驱动启动成功；若未显示图标，则驱动程序未启动，请在电脑开始栏中搜索"信安世纪用户工具"并点击启动，具体如图 2-2-1 所示。

② 确认驱动启动后，插入 USB-KEY 并确认插入成功。插入 USB-KEY 后，双击图标，按图 2-2-2 所示确认 USB-KEY 是否插入成功。（具体操作手册见官方网站操作

指南页面《全国碳排放权注册登记结算系统 USB-KEY 使用手册》）

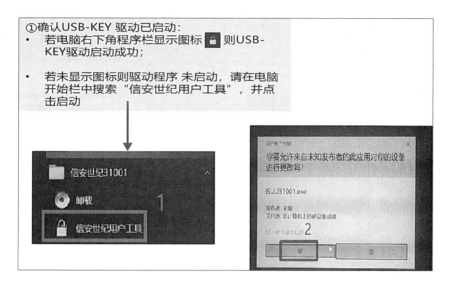

图 2-2-1

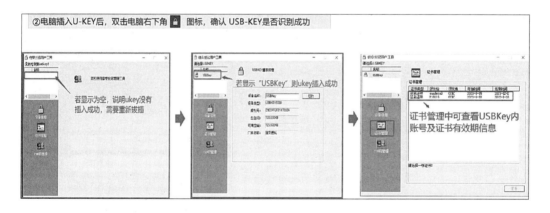

图 2-2-2

③ 账号登录：打开系统网页。确认 USB-KEY 插入成功后，打开浏览器，输入系统网页 https://ucweb.chinacrc.net.cn，进入系统登录页面。

④ 输入账户密码：依次输入会员编号、密码和验证码后，点击"登录"。

⑤ 选择账户 CA 证书：在系统自动弹出的证书列表中选择登录证书并点击"确定"，如图 2-2-3 所示。

⑥ 输入 PIN 码：输入 CA 证书 PIN 码"1234"，点击"确认"后即可登录系统。如图 2-2-4 所示。

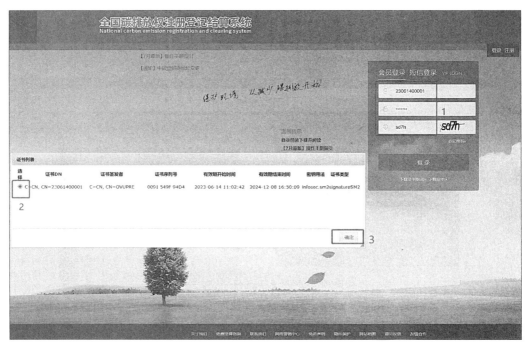

图 2-2-3

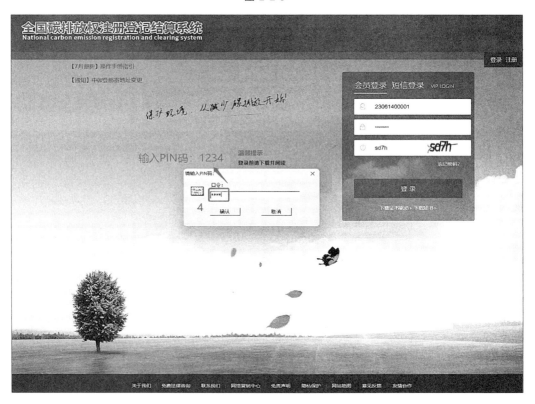

图 2-2-4

注意事项：

·PIN 码默认为 1234,若遗忘或修改 PIN 码后导致 USBKEY 锁定,或使用的 USB-KEY 损坏或遗失，重点排放单位需填写《全国碳排放权注册登记系统 USB-KEY 更换申请表（重点排放单位）》并加盖公章，同 USB-KEY 一起邮寄至注登机构，后台管理员收到申请表后停用原 USB-KEY 并重新补寄。（具体操作手册见官方网站操作指南页面《USB-KEY 发放及更换业务流程》）

·会员登录账户密码连续输错 5 次后账户会被锁定，重点排放单位可在登录界面点击"忘记密码"，通过账户代表的邮箱、手机号码或者密保问题验证来进行密码找回（重新设置），找回后当即可用新设置的密码进行登录。此外，密码锁定 24 小时后会自动解锁，可待解锁后登录系统。

（4）账户管理。

① 密码修改。

登录进入系统后，在首页界面点击"修改密码"，如图 2-2-5 所示。

输入原始密码及新密码后，点击"修改"，如图 2-2-6 所示。

图 2-2-5

图 2-2-6

② 账户信息修改。

如图 2-2-7 所示，点击【账户管理-账户信息修改】，完成线上修改。

输入修改信息后，点击“确认”，信息修改即提交审核。

全国碳排放权注册登记结算系统
National carbon emission registration and clearing system
账户管理
1
账户信息修改
2
您好，民生市场通测试45
会员编号：22031600001 修改密码
上次登录：2023-02-16 10:35:12 IP:172.16.252.209

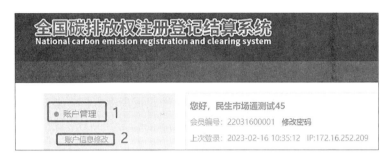

图 2-2-7

重点排放单位还需要提供纸质材料并邮寄至注册登记机构，纸质材料包含《登记账户信息变更申请表》和其他对应修改附件材料。

方式一：可在【账户管理-账户信息修改】页面“附件信息”（下滑页面可见）区域“附件文档”，下载《账户信息变更需知》，查看详细业务流程，如图 2-2-8 所示。

附件信息
备注：1.系统中所有上传附件必须盖单位公章；2.请提交修改申请的企业下载以下文件，填写相关修改信息并打印盖章，同时，按照需知准备相关附件打印并盖章，汇同上述纸质材料，一起邮寄至需知里所列收件地址，以供审核备案，感谢配合。
附件文档：账户信息变更需知

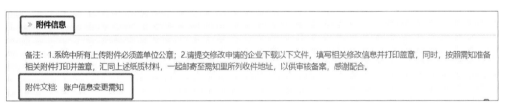

图 2-2-8

方式二：在官方网站“操作指南”-“登记账户信息变更业务”页面下载文档，如图 2-2-9 所示。

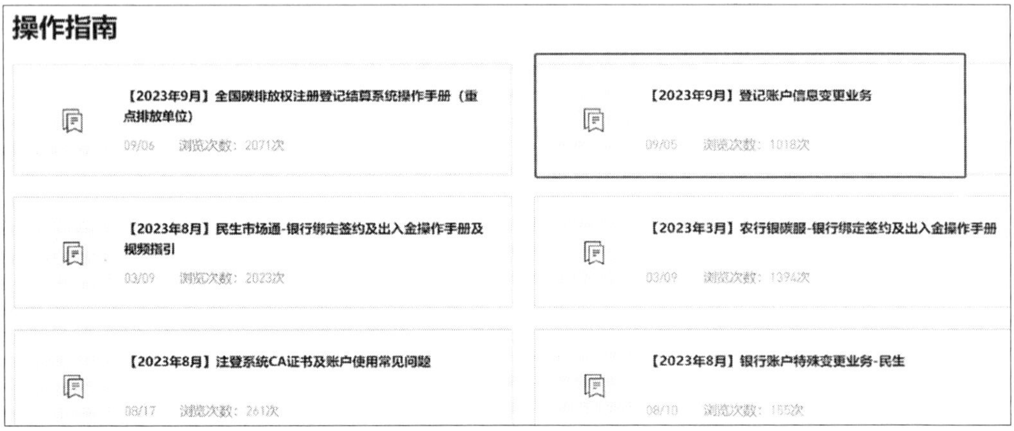

操作指南
【2023年9月】全国碳排放权注册登记结算系统操作手册（重点排放单位）
09/06 浏览次数：2071次
【2023年9月】登记账户信息变更业务
09/05 浏览次数：1018次
【2023年8月】民生市场通-银行绑定签约及出入金操作手册及视频指引
03/09 浏览次数：2023次
【2023年3月】农行银碳服-银行绑定签约及出入金操作手册
03/09 浏览次数：1394次
【2023年8月】注登系统CA证书及账户使用常见问题
08/17 浏览次数：261次
【2023年8月】银行账户特殊变更业务-民生
08/10 浏览次数：155次

图 2-2-9

注册登记机构收到纸质材料后，后台管理员进行线上审核，审核情况将以短信及邮件方式通知账户代表。

注意事项：·带*的为必填项，必填项填写完整后方可提交。

·须上传开户相关附件信息（所有申请材料须按要求加盖单位公章）后方可提交信息修改申请。

若申请变更账户信息中包含统一社会信用代码的，应按照《全国碳市场重点排放单位因发生合并、分立、关停或迁出情形登记账户及碳排放权变更业务流程》相关要求办理变更。可在官方网站"操作指南"-"登记账户及碳排放权（合并分立）变更流程"页面下载，如图 2-2-10 所示。

图 2-2-10

③ 查看操作日志。如图 2-2-11 所示，点击【账户管理-操作日志】，可查询操作记录和账户信息修改记录和结果。

图 2-2-11

3. 系统常用功能操作

1）配额发放查询

点击【信息查询-配额发放查询】菜单，可查看配额发放历史信息，如图 2-2-12 所示。

图 2-2-12

2）配额划转

（1）登记转交易持仓划转。

本功能用于将注册登记系统中配额划转至交易系统进行交易。

进入【持仓划转管理-登记发起登记转交易】菜单，点击"登记转交易申请新增"，进入划转申请页面，如图 2-2-13 所示。

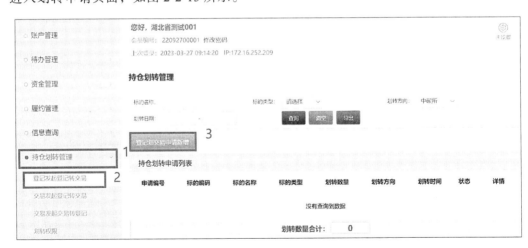

图 2-2-13

勾选本次需要划转的配额标的，点击"确定"按钮，如图 2-2-14 所示。

输入申请划转数量，点击"提交"按钮，提交划转申请，如图 2-2-15 所示。

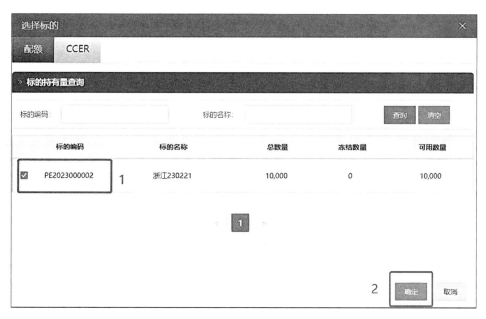

图 2-2-14

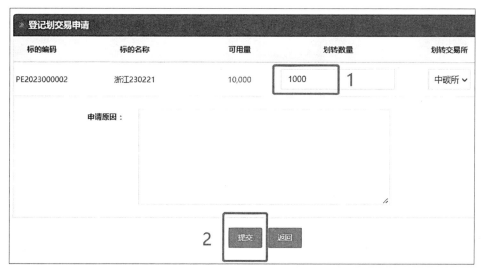

图 2-2-15

注意事项：

· 请于工作日 15:00 前提交配额划转申请；

· 当日提交划转的配额当日不可进行交易，下一交易日可以进行交易。

（2）划转权限管理。

本功能用于设置是否允许交易系统发起将登记持仓配额划转至交易系统。如开通，则允许交易端发起登记持仓划转至交易系统；如关闭，则不允许交易端发起登记持仓划转至交易系统。

点击【持仓划转管理-划转权限】即可进行设置，如图 2-2-16 所示。

图 2-2-16

（3）交易发起登记转交易记录查询。

本功能用于查询交易系统发起登记配额转交易配额的历史记录。

点击【持仓划转管理-交易发起登记转交易】，即可进行查询，如图 2-2-17 所示。

图 2-2-17

（4）交易发起交易转登记记录查询。

本功能用于查询交易系统发起交易配额转登记配额的历史记录。

点击【持仓划转管理-交易发起交易转登记】，即可进行查询，如图 2-2-18 所示。

图 2-2-18

3）履约管理

（1）履约通知书查询。

本功能用于查询履约通知书，并进行清缴履约申请的提交。

点击【履约管理-履约清缴】菜单，即可查询履约通知书，如图 2-2-19 所示。

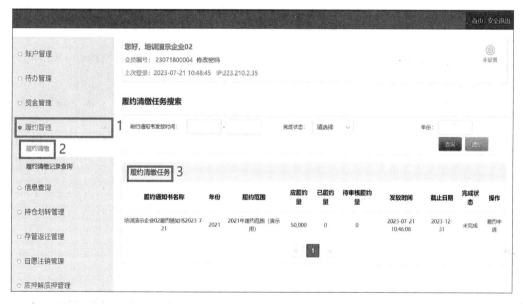

图 2-2-19

注意事项：

·应履约量为需要清缴的总量，待审核履约量为已提交、待主管部门审核的清缴量，已履约量为已经提交且已经过审核的清缴量。

·点击"履约范围"，可查看履约范围要求，即哪些配额标的可以用来履约，以及履约通知书中设定的 CCER 抵销规则（允许使用 CCER 进行履约时）。

（2）清缴履约。

① 履约申请提交。

点击【履约管理-履约清缴】菜单，点击"履约申请"进入履约申请页面，如图 2-2-20 所示。

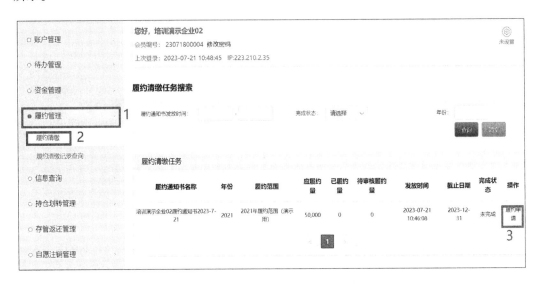

图 2-2-20

点击"添加履约标的"按钮，勾选用于履约的标的，点击"确定"按钮，如图 2-2-21、图 2-2-22 所示。

输入申请提交量（即本次申请清缴的数量），点击"提交"按钮，提交履约申请，如图 2-2-23、图 2-2-24 所示。

图 2-2-21

图 2-2-22

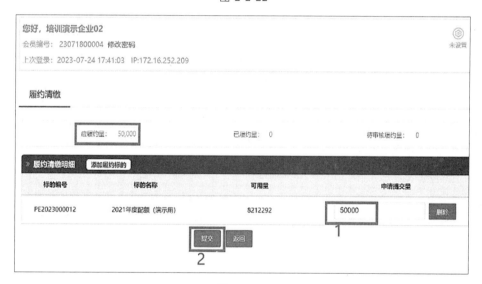

图 2-2-23

图 2-2-24

注意事项：

·若履约申请审核不通过被退回，重点排放单位可按要求修改后重新提交；

·申请提交量不可超过"应履约量-已履约量-待审核履约量"；

·若点击"保存"，则当前申请保存为草稿，可修改后再次保存为草稿（点击"保存"）或提交申请至主管部门审核（点击"提交"）。

② 使用预支配额提交履约申请。

a. 预支配额查询。

本功能供重点排放单位查询可进行履约使用的预支配额。重点排放单位登录系统前台，点击【信息查询-持仓查询】，可在配额标的持仓列表查看是否有预支配额，如图 2-2-25 所示。正式生产环境中 2021、2022 年预支的 2023 年配额标的为"2023 年配额"。（以下图片均为测试环境，预支配额标的名称以"预分配配额测试"表示）。

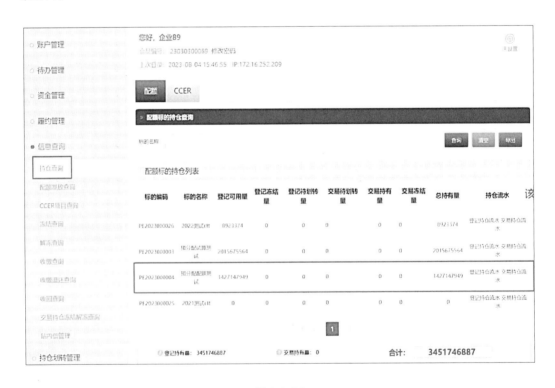

图 2-2-25

b. 预支配额使用。

预支配额用于清缴履约的流程与其他配额保持一致，但存在当年度预支配额只能用于当年度履约的数量限制。

点击【履约管理-履约清缴-履约申请】，如图 2-2-26 所示。

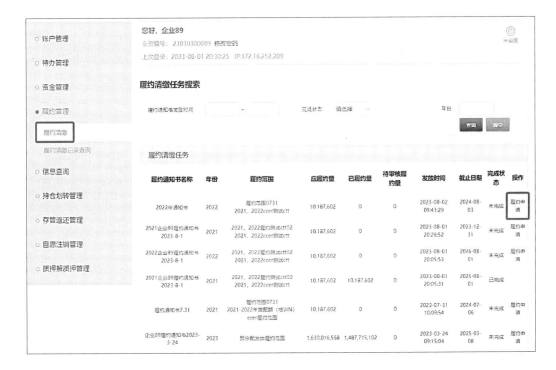

图 2-2-26

若重点排放单位存在预支配额数据，点击"添加履约标的"查看履约限制量，如图 2-2-27、图 2-2-28 所示。

图 2-2-27

图 2-2-28

选择预支标的后，可用量为可预支最大量，申请提交量不得大于可用量。填写申请提交量后，点击"提交"，如图 2-2-29 所示。

图 2-2-29

注意事项：

· 若履约申请审核不通过被退回，重点排放单位可按要求修改后重新提交；

· 可用量为可预支最大量，申请提交量不可超过可用量；

· 预支配额仅可用于当年度本单位的配额履约，不可用于交易、抵押等其他用途。

（3）履约记录查询。

① 履约情况查询。

本功能用于重点排放单位查询履约进展。

点击【履约管理-履约清缴记录查询】菜单，将列示履约申请提交记录，如图2-2-30所示。

图 2-2-30

② 强制履约情况查询。

本功能用于重点排放单位查询强制履约进展，查询强制履约与查询自主履约一致，仅在履约详情的类型上有区别。

可直接在首页查看未完成的履约通知书，如图2-2-31所示。

图 2-2-31

或点击【履约管理-履约清缴】，可查看履约清缴任务，点击"履约申请"，可查看应履约量、已履约量、待审核履约量。如图 2-2-32、图 2-2-33 所示。

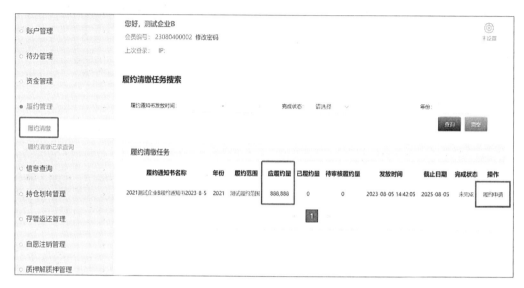

图 2-2-32

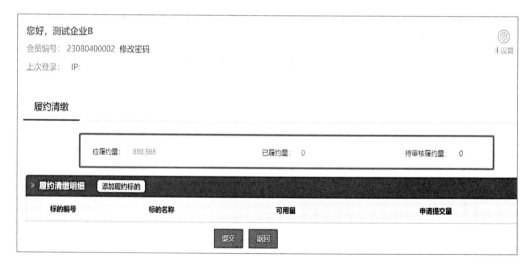

图 2-2-33

国家发起管理员发起强制履约后，企业履约清缴界面显示"待审核履约量"，其中待审核量包括强制履约量和自主履约量。如图 2-2-34 所示。

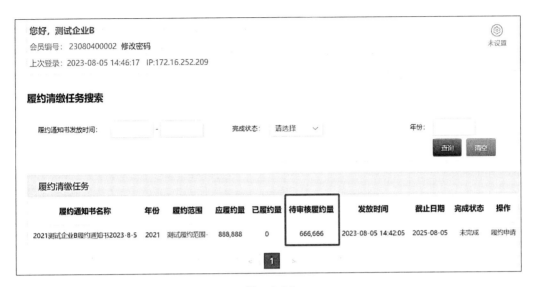

图 2-2-34

强制履约完成后，企业履约清缴界面显示"已履约量"，其中已履约量可能包括强制履约量及企业自主履约量。如图 2-2-35 所示。

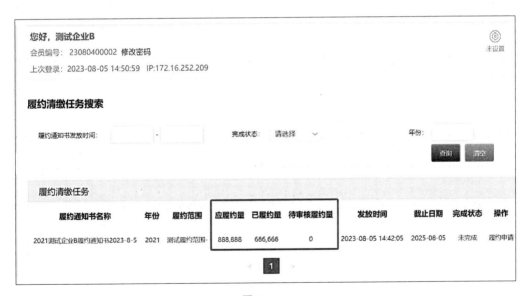

图 2-2-35

强制履约具体信息需查看履约记录，点击【首页-履约管理-履约清缴记录查询-履约详情】，可查看履约具体信息。如图 2-2-36、图 2-2-37 所示。

图 2-2-36

您好，测试企业B

会员编号: 23080400002 修改密码

上次登录: 2023-08-05 14:53:14 IP:172.16.252.209

履约申请审核

企业履约量合计		
应履约量	已履约量	利余履约量
888,888	666,666	222,222

本次申请履约明细			
标的持有者	标的编号	标的名称	履约量
安徽省	PE2023000034	2021测试配额-	666,666

流程处理信息				
步骤	处理人	操作	处理时间	处理意见
省管理员审核	安徽省管理员(ahad)	审核通过	2023-08-05 14:52:13	1
省操作员审核	安徽省操作员(ahop)	审核通过	2023-08-05 14:50:36	1
国家管理员审核	国家管理员(gjad_r)	审核通过	2023-08-05 14:49:33	1
强制履约申请	国家操作员(gjop_r)	提交	2023-08-05 14:49:01	
	国家操作员(gjop_r)	发起流程	2023-08-05 14:49:01	

图 2-2-37

4）业务管理

（1）存管返还。

本功能用于重点排放单位发生分立、重组、合并等事项时，将本重点排放单位 A 的碳资产转移至重点排放单位"B"或"B 和 C"账户中。

① 碳资产存管。

本步骤用于本重点排放单位 A 将碳资产托管至管理部门暂时存放。

点击【存管返还管理-存管申请】后，点击左上角的"新增"。

点击左上角的"选择标的"，在弹出的对话框中勾选拟存管的碳资产后点击"确定"，如图 2-2-38~图 2-2-40 所示。

注意事项：可同时选择多个标的，即可同时申请存管多个配额。

图 2-2-38

图 2-2-39

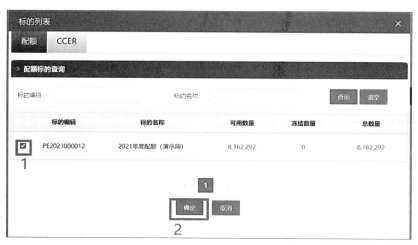

图 2-2-40

填写存管量、存管原因，选择存管类型后，点击"提交"，存管申请将提交至管理部门审核，如图 2-2-41 所示。

注意事项：

·存管量需小于登记可用量；

·若点击"保存"，则当前申请保存为草稿，可修改后再次保存为草稿（点击"保存"）或提交申请至管理部门审核（点击"提交"）。

图 2-2-41

管理人员审核通过后，碳资产存管完成。点击【存管返还管理-存管申请】，可查看存管详情，如图 2-2-42 所示。

② 关联对方重点排放单位。

本步骤用于将本重点排放单位 A 与拟返还碳资产的重点排放单位"B"或"B 和 C"

关联起来。本步骤在重点排放单位申请后由管理部门完成。

图 2-2-42

③ 碳资产返还。

本步骤用于将暂时存管在管理部门的碳资产返还至关联重点排放单位"B"或"B和 C"。本步骤需待上一步"关联对方重点排放单位"完成后操作。

下面以重点排放单位 A 和重点排放单位 B 合并为重点排放单位 B，A 将持有的碳资产托管返还给 B 为例，说明返还操作流程。

A 发起返还申请：重点排放单位 A 登录后，点击【存管返还管理-存管返还申请】，在新界面中点击左上角"新增"，如图 2-2-43 所示。

图 2-2-43

在【存管标的明细】中点击"选择存管"，在弹出的对话框中勾选需要返还的存管后点击"确定"，如图 2-2-44、图 2-2-45 所示。

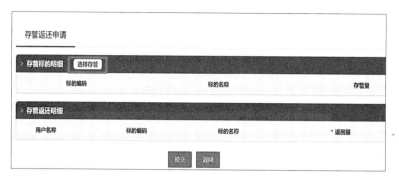

图 2-2-44

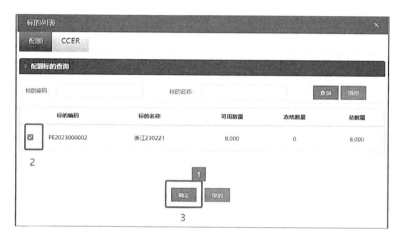

图 2-2-45

在【存管返还明细】中输入返还的数量，点击"提交"，返还申请提交至管理部门审核，如图 2-2-46 所示。

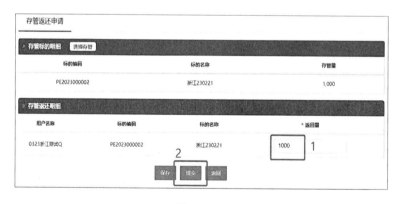

图 2-2-46

注意事项：若点击"保存"，则当前申请保存为草稿，可修改后再次保存为草稿（点击"保存"）或提交申请至管理部门审核（点击"提交"）。

B审核返还申请：重点排放单位 B 登录后，点击右上方返还后面的"待办"；在点击后的页面中点击右下方操作中的"审核"，如图 2-2-47、图 2-2-48 所示。

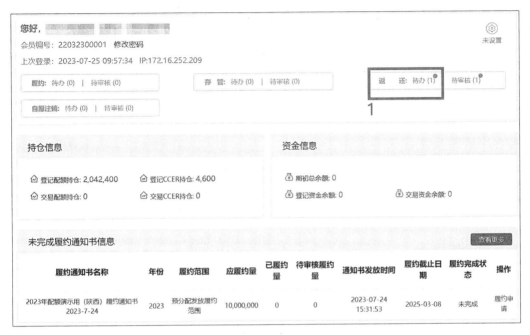

图 2-2-47

图 2-2-48

输入审核意见后，点击"通过"，返还申请提交至管理部门进行审核，如图 2-2-49 所示。

管理部门审核通过后，碳资产返还完成，重点排放单位 A 和重点排放单位 B 可通过持仓查询功能，查询最新碳资产持仓情况。

注意事项：

· 重点排放单位 A 可申请将配额返还给多个重点排放单位（如 B、C、D，需管理部门设置 A 与 B、C、D 同时关联），此时返还申请待 B、C、D 共同审核通过后提交至管理部门审核。

· 其中任一环节审核不通过时，申请将退回至返还申请发起方（如上例中的 A），申请发起方可修改后重新提交申请。

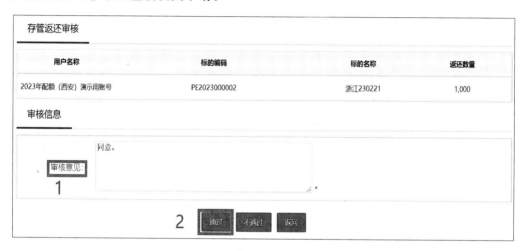

图 2-2-49

（2）自愿注销。

本功能用于碳中和等碳资产自愿注销业务。

点击【自愿注销管理】后，点击页面左上角的"自愿注销新增"，如图 2-2-50 所示。

图 2-2-50

在新页面中点击"点击选择",在弹出的对话框中选择拟自愿注销的持仓,点击"确定",如图 2-2-51 所示。

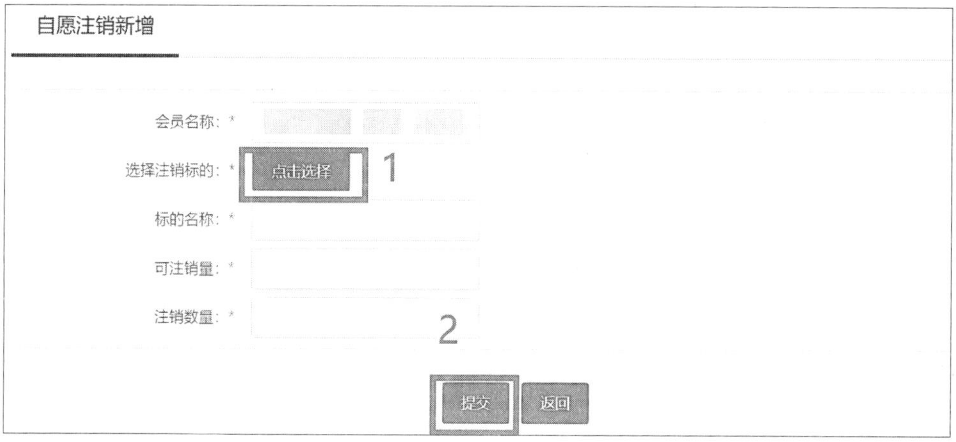

图 2-2-51

输入注销数量和原因,点击"提交",自愿注销申请将提交至管理部门进行审核,如图 2-2-52 所示。

注意事项:若点击"保存",则当前申请保存为草稿,可修改后再次保存为草稿(点击"保存")或提交申请至管理部门审核(点击"提交")。

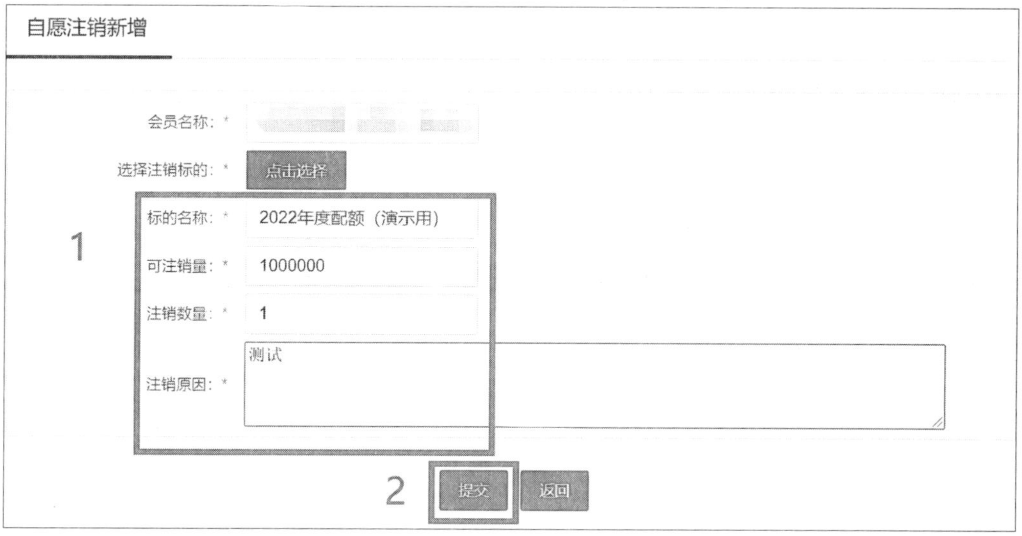

图 2-2-52

管理部门审核通过后,自愿注销完成。重点排放单位可点击"自愿注销管理"查看详情,如图 2-2-53 所示。

图 2-2-53

5）信息查询

（1）持仓信息查询。

本功能用于查询本重点排放单位碳资产当前持仓以及持仓变动详情。

① 持仓查询：点击【信息查询-持仓查询】菜单，即可查看配额持仓信息，如图 2-2-54 所示。

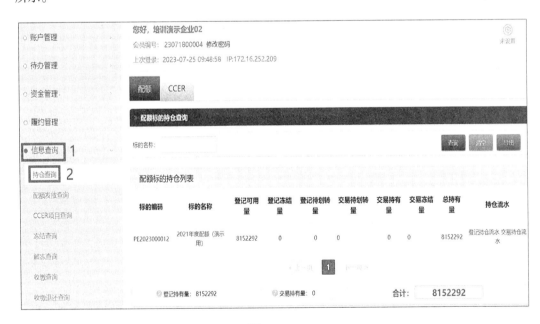

图 2-2-54

注意事项：

· 待转交易量表示当天从登记系统划转到交易系统的持仓量，当天结算后，待转交易量归入交易持有量；

· 总持有量=登记可用量+登记冻结量+登记待划转量+交易持有量+交易待划转量。

② 持仓流水查询：选择持仓流水查询列表后面的"登记持仓流水/交易持仓流水"操作，可以查看持仓变动明细信息，如图 2-2-55、图 2-2-56 所示。

图 2-2-55

图 2-2-56

（2）冻结解冻查询。

本功能用于查询本重点排放单位碳资产的冻结和解冻详情。

① 冻结查询：点击【信息查询-冻结查询】，可查看本重点排放单位碳资产冻结详情，如图 2-2-57 所示。

② 解冻查询：点击【信息查询-解冻查询】，可查看本重点排放单位冻结碳资产解冻详情，如图 2-2-58 所示。

图 2-2-57

图 2-2-58

（3）收缴退还查询。

本功能用于查询本重点排放单位碳资产的收缴和退还详情。

① 收缴查询：点击【信息查询-收缴查询】，可查看本重点排放单位碳资产收缴详情，如图 2-2-59 所示。

② 退还查询：点击【信息查询-收缴退还查询】，可查看本重点排放单位已收缴碳资产退还详情，如图 2-2-60 所示。

图 2-2-59

图 2-2-60

2.2.5 实训步骤

（1）根据以上实训指导内容，查阅并认真学习《全国碳排放权注册登记结算系统操作手册（重点排放单位版）》。

（2）梳理全国碳排放权注册登记结算系统的功能（重点排放单位用户）及相关操作的步骤，画出相应的思维导图。

2.2.6 思考题

（1）全国碳排放权注册登记结算系统具有哪些功能？（针对重点排放单位用户）

（2）想一想，除重点排放单位外，全国碳排放权注册登记结算系统还有哪些类型的用户？

实训 2.3　全国碳排放权交易系统功能及操作

2.3.1　实训目标

（1）熟悉全国碳排放权交易系统客户端用户功能；

（2）掌握全国碳排放权交易系统客户端功能操作。

2.3.2　实训内容

画出全国碳排放权交易系统客户端功能及操作步骤的思维导图。

2.3.3　实训工具、仪表和器材

（1）硬件：联网计算机 1 台；

（2）软件：Xmind 或百度脑图等思维导图软件。

2.3.4　实训指导

根据《全国碳排放权交易管理办法（试行）》规定：生态环境部负责建立和管理全国碳排放权交易系统（以下简称交易系统）。交易系统管理机构（以下简称交易机构）受生态环境部委托，负责组织开展全国碳排放权集中统一交易及监管，可设立服务机构和会员制服务交易市场活动。

根据生态环境部的相关规定，全国碳排放权交易机构成立前，由上海环境能源交易所股份有限公司承担全国碳排放权交易系统账户开立和运行维护等具体工作。

1. 登录系统

参与全国碳市场交易的单位或个人在完成交易系统开户后，可以通过上海环境能源交易所官网-"全国碳排放权交易"-"交易客户端"下载全国碳排放权交易系统客户端安装包（https：//www.cneeex.com/tpfjy/fw/jyxtxz/qgtpfqjyxtkhd/）。

使用的计算机系统软硬环境配置要达到以下要求：

① 浏览器要求：IE10.0（或以上）、Chrome 浏览器 V69.0（或以上）、Firefox 浏览器 V68.0（或以上）、360 浏览器 V10.1（或以上），分辨率设置为 1440*900（或以上）。

② 电脑要求：2G 内存（或以上）；具有网络连接设备（调制解调器或网卡）。

③ 操作系统要求：Windows 7 或以上。

确保达到以上配置要求后，在电脑中安装系统客户端。

安装完成后，打开客户端软件，进行登录操作，如图 2-3-1 所示。

图 2-3-1

需要说明的是：

① 同一个客户可以有多个操作员，在交易客户端登录时，输入对应的客户号、操作员、密码、验证码即可成功登录。

② 首次登录，需要修改初始密码。点击"忘记密码"，可以通过手机号验证码重置并修改登录密码。

2. 客户操作员查看账号所属权限功能的菜单

客户操作员点击界面最左侧边栏展开隐藏菜单，即可查看该操作员所属权限内的菜单功能，如图 2-3-2 所示。

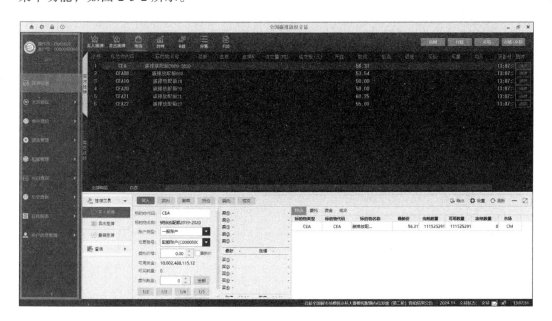

图 2-3-2

3. 客户操作员查看行情信息

客户操作员查看行情信息，并且可通过点击买入摘单、卖出摘单、市场、分时、K线、分笔、F10等资讯按钮，进入相应的功能展示。

1）市　场

客户操作员点击【市场】按钮，可以查看市场上所有标的物的行情信息，如图 2-3-3 所示。

图 2-3-3

客户操作员可以选择标的物后，点击上方【买入摘牌】或【卖出摘牌】按钮，在弹出的【买入摘牌】或【卖出摘牌】界面中，输入摘牌数量，点击【买入摘牌】或【卖出摘牌】按钮，进行摘牌操作，如图 2-3-4 所示。

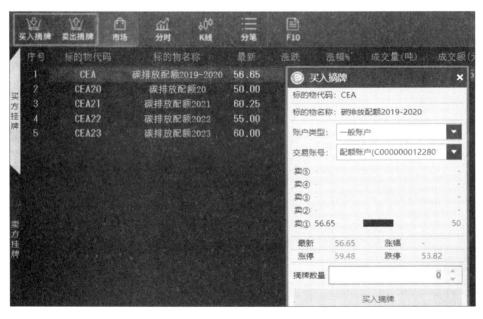

图 2-3-4

客户操作员也可以通过左侧标签【买方挂牌】或【卖方挂牌】选择方向，点击标的物后【摘牌】按钮，在弹出的【买方挂牌明细】或【卖方挂牌明细】界面中，查看挂牌协议明细，选择需要摘单的委托单，点击【摘牌】按钮，进行摘牌操作，如图 2-3-5 所示。

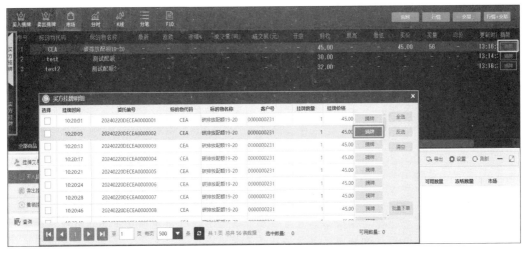

图 2-3-5

2）分时界面

客户操作员选中标的物，双击或点击工具栏上的【分时】按钮或左侧菜单中的【分时走势】按钮，可以进入标的物分时界面，查看分时数据。

通过左上角菜单可以选择显示一日分时和多日分时，周期菜单为下拉菜单，菜单从一日到九日，不同菜单切换分时不同周期的数据，线图显示标的物在各个时间段的价格变化，如图 2-3-6 所示。

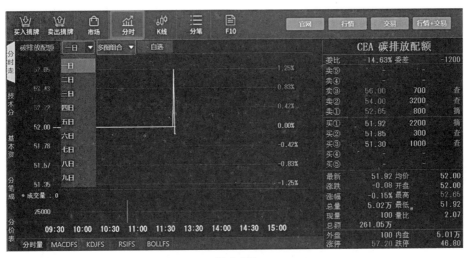

图 2-3-6

3）浮动行情

浮动行情展示标的物的开高收低等行情信息。

客户操作员在分时或 K 线界面鼠标左键单击，可以隐藏和显示浮动行情界面。浮动行情根据鼠标滚轮滚动选到的标的物展示对应的行情，如图 2-3-7 所示。

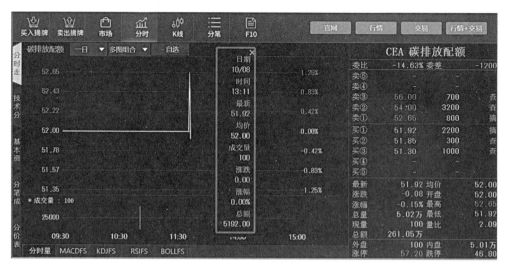

图 2-3-7

4）K 线界面

客户操作员点击工具栏【K 线】按钮或者左侧【技术分析】菜单，进入标的物 K 线界面，查看标的物详细行情数据。通过滑动鼠标滚轮可以切换标的物，鼠标左键单击，可以显示或隐藏浮动行情和横纵线线。移动鼠标，浮动行情数据跟随鼠标位置而变化，鼠标左键双击可以切换到分时界面。

左上角菜单可以选择 K 线周期。K 线周期菜单为下拉菜单，包含 1 分、5 分、15分、30 分、60 分、日线、周线、月线、年线菜单项，默认显示日线。

多图指标菜单为下拉菜单，分为一图、二图、三图、四图、五图、六图，还可以选择多图组合显示多个指标数据的 K 线图。多图组合菜单和自选菜单操作同分时图。

点击 K 线下面的指标按钮后可以显示标的物的不同指标 K 线行情，点击左侧标签页后可以切换标的物行情显示内容，如图 2-3-8 所示。

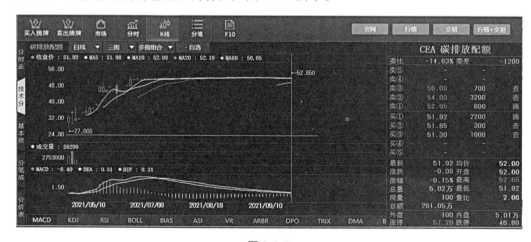

图 2-3-8

5）盘　口

盘口依次显示标的物代码和标的物名称、委比和委差、卖五档、买五档、最新价和均价、涨跌和开盘价、涨幅和最高、总量和最低、现量和量比、总额、涨停和跌停、分时成交记录，如图 2-3-9 所示。

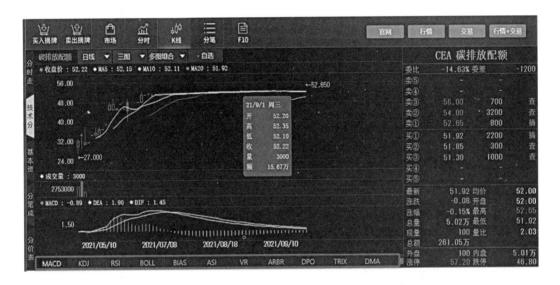

图 2-3-9

客户操作员通过鼠标滚轮切换标的物，在盘口买卖五档价格的【摘】标签处双击会弹出挂牌明细界面，可以查看挂牌协议的明细并进行摘牌操作；在盘口买卖五档价格的【查】标签处双击会弹出挂牌明细界面，仅可查看挂牌协议的明细。只有买卖一档可以操作摘牌，其他档位只能查询明细，如图 2-3-10、图 2-3-11 所示。

图 2-3-10

图 2-3-11

6）分　笔

客户操作员点击工具栏上的【分笔】按钮或者左侧【分笔成交】菜单，会切换到标的物分笔成交界面。展示标的物分笔成交数据，三列数据分别为时间、价格、数量和涨跌信息。成交数量颜色区分：红色是先挂卖单后成交，绿色是先挂买单后成交，如图 2-3-12 所示。

图 2-3-12

4. 挂牌交易

"挂牌交易"是"挂牌协议交易"的简称。在挂牌交易业务的交易时间内（正常为每周一至周五 9:30 至 11:30、13:00 至 15:00），客户操作员进行挂牌交易业务，可以对交易中的标的物进行挂牌交易买入和卖出操作，并查看委托和持仓信息。

① 在交易区域进行买入挂牌和卖出挂牌操作，如图 2-3-13 所示。

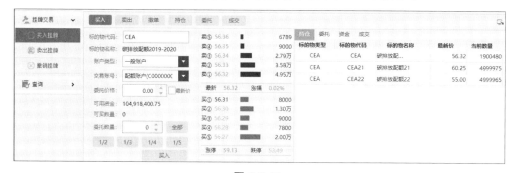

图 2-3-13

② 客户选择左侧【买方挂牌】或【卖方挂牌】，点击行情页面上【摘牌】按钮，在【买方挂牌明细】或【卖方挂牌明细】界面中选择需要摘牌的委托单，可进行【买入摘牌】或【卖出摘牌】操作，如图 2-3-14 所示。

③ 客户进行买方委托时要有充足的资金，进行卖方委托时要有充足的持仓，否则委托失败。

④ 客户不允许对自己报入的委托进行摘牌操作。

⑤ 客户委托成交后无法撤单，委托未成交可以撤单，部分成交可以撤销未成交部分的委托；当前交易日闭市后，未成交的委托统一由系统进行自动撤单。

图 2-3-14

⑥ 客户可以查询自己的当前持仓、当前委托和当前成交信息，如图 2-3-15 所示。

图 2-3-15

在【挂牌交易】的【行情+交易】模式界面，同时显示行情区域和交易区，如图 2-3-16 所示。

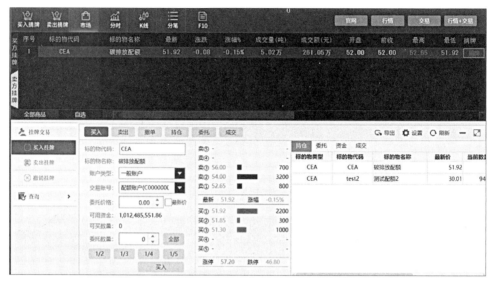

图 2-3-16

5. 大宗协议

"大宗协议"是"大宗协议交易"的简称。在大宗协议业务的交易时间内（正常为每周一至周五 13:00 至 15:00），客户操作员进行大宗协议业务，可以对交易中的标的物进行大宗协议报价、询价和议价，并查看委托和成交信息。

① 大宗协议报价有定向、群组两种报价方式。

定向报价需指定客户后才能报价，且只有定向客户才能看到并加入询价，成交时一方确认成交即可成交；

群组报价需指定群组后才能报价，群组内无成员时无法报价，报价后只有群组内成员才能看到该报价并进行询价，成交时需双方确认才能成交。

② 大宗协议报价未成交时可以进行撤销操作，撤销后报价单状态为已撤单，如若闭市时报价未成交且报价方未进行撤销，系统将自动撤销该报价，报价单状态为系统撤单。

③ 大宗协议报价未成交时可以进行修改操作，修改提交后会撤销原报价单，同时生成新的报价单，新报价单状态为已报单。

④ 大宗协议交易为全额交易，买方进行报价或议价时需要有充足的资金，卖方进行报价或议价时需要有充足的持仓，否则报价或议价失败。

⑤ 询价方进行买入方向询价时，询价数量不得大于报价方的报价数量；进行卖出方向询价时，询价金额不得大于报价方报价金额。

⑥ 大宗协议群组报价可以同时和多个客户进行议价，但是只能成交一次。

1）定向报价操作

客户操作员点击左侧【大宗协议-大宗协议报价】进入大宗协议报价页面，页面默认显示为大宗协议定向报价页面，或点击【定向报价】进入页面，如图 2-3-17 所示。

图 2-3-17

依次选择标的物，输入价格及数量，选择定向用户后，点击【提交】按钮，发起定向报价。点击"标的物代码"弹出"标的物列表"，可以根据条件筛选选择标的物。点击"定向用户"弹出客户列表，可以输入"客户号"或"客户名称"搜索并选定对手方，如图 2-3-18 所示。

图 2-3-18

确认提交定向报价后，在报价查询中可以查询已提交的定向报价信息，可以点击【洽谈、详情、修改、撤回】进行相应操作，如图 2-3-19 所示。

图 2-3-19

被指定客户可以点击【大宗协议报价-询价查询】菜单，查看并加入询价，点击【加入询价】按钮，将报价单加入意向后进行洽谈，如图 2-3-20 所示。

图 2-3-20

点击【洽谈】按钮可以进入议价界面，如图 2-3-21 所示。

图 2-3-21

进入协议洽谈界面后，可在下方输入价格和数量，然后点击【出价】进行议价；也可点击【成交】，完成本次洽谈；如果点击【终止】按钮，则终止当前洽谈，如图 2-3-22 所示。

图 2-3-22

2）群组报价操作

客户操作员点击左侧【大宗协议-大宗协议报价】进入大宗协议报价页面，点击【群组报价】，进入大宗协议群组报价页面，如图 2-3-23 所示。

图 2-3-23

依次选择标的物，输入价格及数量，选择群组后，点击【提交】按钮，发起群组报价。点击"标的物代码"弹出"标的物列表"，可以根据条件筛选选择标的物。点击"选择群组"弹出群组列表，可以输入"群组名称"搜索并选定群组，如图 2-3-24 所示。

图 2-3-24

确认提交群组报价后，在报价查询中可查询已提交的群组报价信息，点击【洽谈、详情、修改、撤回】可以进行相应操作，如图 2-3-25 所示。

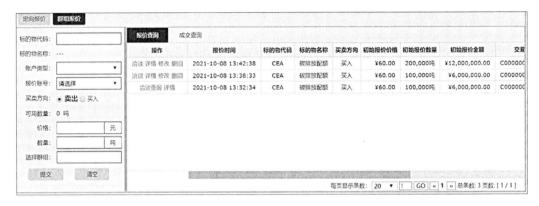

图 2-3-25

群组内客户点击【大宗协议-大宗协议询价】菜单进入询价查询页面，可以查看询价；点击【加入询价】按钮将报价单加入意向后，可以进行洽谈；点击【洽谈】按钮则进入议价界面。如图 2-3-26 所示。

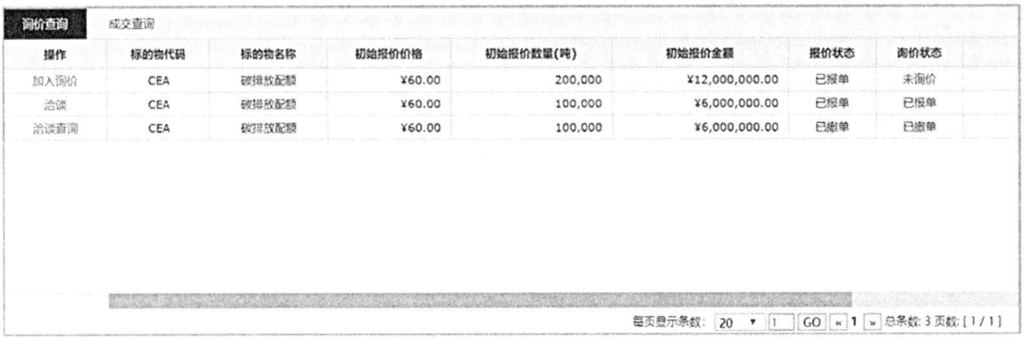

图 2-3-26

进入协议洽谈界面后，可以在下方输入价格和数量，点击【出价】进行议价，也可以点击【确认成交】确认报价方的报价；如果点击【终止】按钮，则终止当前洽谈，如图 2-3-27 所示。

图 2-3-27

报价方收到群组内客户的洽谈信息后，可以点击【成交】按钮进行确认和成交操作；如果点击【终止】按钮，则终止当前洽谈，如图 2-3-28 所示。

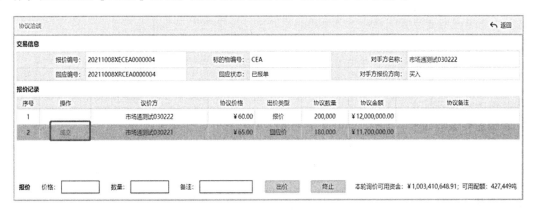

图 2-3-28

3）群组管理操作

（1）群组查询。

客户操作员点击【群组管理】菜单进入如图 2-3-29 所示界面。输入需要查找的群组名称，点击【搜索】可以进行查找。

图 2-3-29

（2）添加群组。

在【群组管理】页面中，点击【添加】按钮进行添加群组操作，界面如图 2-3-30 所示。点击【确定】后可添加群组，点击【取消】则取消添加。

图 2-3-30

（3）修改群名。

在【群组管理】页面中，点击目标群组操作处的【修改】按钮，进行修改群组名称操作，界面如图 2-3-31 所示。点击【确认】后可修改群组名称，点击【取消】则取消修改群组名称。

图 2-3-31

（4）编辑成员。

在【群组管理】页面中，点击目标群组操作处的【编辑成员】按钮，输入"客户号"或者"客户名称"进行目标客户搜索。勾选目标客户进行群组成员添加操作。选中某个客户，点击【保存】按钮进行群组成员添加，点击【返回】则取消添加，如图 2-3-32 所示。

图 2-3-32

6. 单向竞价

根据市场发展情况，交易系统目前提供单向竞买功能。交易主体向交易机构提出卖出申请，交易机构发布竞价公告，符合条件的意向受让方按照规定报价，在约定时间内通过交易系统成交。

交易机构根据主管部门要求，组织开展配额有偿发放，适用单向竞价相关业务规定。单向竞价相关业务规定由交易机构另行公告。

7. 资金管理

所谓资金管理，指的是客户已签约银行账户后，通过交易客户端进行资金入金和出金，并进行资金相关的流水查询。下面具体说明。

① 客户资金账号冻结后无法进行资金的出/入金和交易账户内划转操作。

② 客户的出/入金操作，一般为交易日的 9:30—15:00。

③ 正常情况下，交易客户端可以发起入金/出金操作。目前，入金可按照注册登记系统相关要求发起操作，出金只能从交易客户端发起。

④ 出金时，进入交易客户端【资金管理-入金/出金】界面，划转类型选择【出金】，划转金额要小于等于划出账号的可取金额，输入支付密码，点击【提交】，如图 2-3-33 所示。

图 2-3-33

⑤ 【资金管理-资金查询】界面，可以在【资金账户】中查询当前金额情况；【出入金流水】中查询划转流水；【资金交易流水】中查询交易过程中资金变动流水，如图 2-3-34 所示。

说明：出/入金操作完成后，划转的资金 T+1 日生效。

图 2-3-34

8. 配额管理

绑定注册登记系统的用户，可以在该页面进行配额持有量转入/转出操作，并将更新后的持仓信息进行同步，可以进行配额相关的流水查询。需要注意的是：

① 配额的转入/转出操作一般为交易日的 9:30—15:00。

②【配额管理-转入/转出】界面，划转方向选择【登记转交易（转入）】：将客户配额由管理科目划转至交易科目；划转方向选择【交易转登记（转出）】：将客户配额由交易科目划转至管理科目，如图 2-3-35 所示。

图 2-3-35

③【配额管理-配额查询】界面，可以在【交易科目】中查询客户配额账户中的配额信息；【管理科目】中查询客户管理科目中的配额信息；【转入转出流水】中查询客户在交易科目和管理科目的划转流水；【配额交易流水】中查询交易过程中配额变化流水，如图 2-3-36 所示。

说明：配额的转入/转出操作，T+1 日生效。

市场名称	标的物代码	标的物名称	持有数量(吨)	可用数量(吨)	冻结数量(吨)	买入数量(吨)	卖出数量(吨)	转入申请数量(吨)	转出申请数量(吨)	交易账号
碳市场	test2	测试配额2	944,790	944,790	0	0	0	0	0	C0000000041801
碳市场	CEA	碳排放配额	5,910	1,410	4,400	100	100	0	0	C0000000041801

图 2-3-36

9. 当日查询

当日查询指的是客户操作员进行当日交易信息实时查询操作。

1）当日委托查询

客户操作员点击【当日查询-当日委托查询】，可以根据指定的条件，查询当前登录客户的当日挂牌委托、当日大宗协议交易报价、当日大宗协议交易询价、当日单向竞价（竞买）委托信息，如图 2-3-37 所示。

委托编号	委托日期	委托时间	操作员代码	交易账号	标的物代码	标的物名称	买卖方向	挂牌方式	委托数量	委托价格	成交金额	成交
20211008DECEA0000012	20211008	13:10:13	000000004101	C0000000041801	CEA	碳排放配额	卖出	摘牌	100	51.92	5192.00	10
20211008DECEA0000011	20211008	13:09:53	000000004101	C0000000041801	CEA	碳排放配额	买入	摘牌	100	52.65	5265.00	10
20211008DECEA0000008	20211008	13:04:40	000000004101	C0000000041801	CEA	碳排放配额	卖出	挂牌	500	52.65	0.00	
20211008DECEA0000007	20211008	13:04:23	000000004101	C0000000041801	CEA	碳排放配额	卖出	挂牌	700	56.00	0.00	
20211008DECEA0000006	20211008	13:04:08	000000004101	C0000000041801	CEA	碳排放配额	卖出	挂牌	3200	54.00	0.00	
20211008DECEA0000005	20211008	13:03:51	000000004101	C0000000041801	CEA	碳排放配额	买入	挂牌	300	51.85	0.00	
20211008DECEA0000004	20211008	13:03:43	000000004101	C0000000041801	CEA	碳排放配额	买入	挂牌	2000	51.92	0.00	
20211008DECEA0000003	20211008	13:03:26	000000004101	C0000000041801	CEA	碳排放配额	买入	挂牌	1000	51.30	0.00	

图 2-3-37

2）当日成交查询

客户操作员点击【当日查询-当日成交查询】，可以根据指定的条件，查询当前登录客户的当日成交信息，如图 2-3-38 所示。

图 2-3-38

10. 历史查询

历史查询指的是客户操作员进行历史交易信息查询操作。

1）挂牌交易查询

客户操作员点击【历史查询-挂牌交易查询】进入页面，可以根据指定的条件，查询、导出当前登录客户的挂牌交易的历史委托、历史成交信息，如图 2-3-39 所示。

图 2-3-39

2）大宗协议查询

客户操作员点击【历史查询-大宗协议查询】进入页面，可以根据指定的条件，查询、导出当前登录客户的大宗协议的历史报价、历史询价、历史成交查询、历史对话流水查询，如图 2-3-40 所示。

图 2-3-40

3）单向竞价查询

客户操作员点击【历史查询-单向竞价查询】，可以根据指定的条件，查询、导出当前登录客户的单向竞价的历史委托、历史成交信息，如图 2-3-41 所示。

图 2-3-41

4）资金查询

客户操作员点击【历史查询-资金查询】进入资金查询页面，根据指定的条件，查看当前登录客户的历史资金信息、历史出入金流水、历史资金交易流水、历史出入金申请流水，如图 2-3-42 所示。

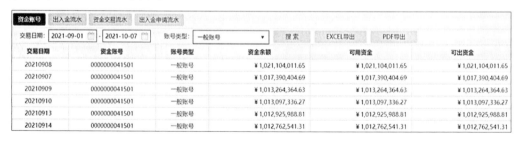

图 2-3-42

5）配额查询

客户操作员点击【历史查询-配额查询】进入配额查询页面，根据指定的条件，查看当前登录客户的历史交易科目持有量信息、历史管理科目持有量信息、历史转入转出流水、历史配额交易流水，如图 2-3-43 所示。

交易日期	交易时间	市场代码	标的物代码	标的物名称	持有数量(吨)	可用数量(吨)	冻结数量(吨)	买入数量(吨)	卖出数量(吨)	转入申请数量(吨)	转出申请数量(吨)	交易账号
20210930	15:46:57	CM	test2	测试配额2	944,790	944,790	0	0	0	0	0	C000000004
20210930	15:45:38	CM	CEA	碳排放配额	5,910	5,910	0	0	0	0	0	C000000004
20210929	15:46:57	CM	test2	测试配额2	944,790	944,790	0	0	0	0	0	C000000004
20210929	15:45:38	CM	CEA	碳排放配额	5,910	5,910	0	0	0	0	0	C000000004
20210928	15:46:57	CM	test2	测试配额2	944,790	944,790	0	0	0	0	0	C000000004

图 2-3-43

6）收费信息查询

客户操作员点击【历史查询-收费信息查询】，根据指定的条件，查看当前登录客户的历史收费信息记录，如图 2-3-44 所示。

交易日期	客户号	买入手续费	卖出手续费	单向竞价报名费	结算费
20210917	0000000041	￥90.30	￥192.00	￥0.00	￥94.10
20210915	0000000041	￥22,922.94	￥22,831.44	￥0.00	￥15,341.46
20210914	0000000041	￥46,063.38	￥46,331.37	￥0.00	￥30,967.75
20210913	0000000041	￥46,308.96	￥46,511.19	￥0.00	￥31,102.31
20210910	0000000041	￥45,905.76	￥46,145.61	￥0.00	￥30,851.99
20210909	0000000041	￥69,040.20	￥23,228.34	￥0.00	￥30,918.48
20210908	0000000041	￥22,988.28	￥46,056.75	￥0.00	￥23,093.01
20210907	0000000041	￥22,894.17	￥69,905.22	￥0.00	￥31,044.03

图 2-3-44

11. 消息中心

客户收到的公告、通知、咨询和消息，都存放于消息中心，打开消息中心可以查阅已收到的公告、通知、资讯和消息。

① 客户操作员点击客户端右下角信封图标，即可进入消息中心，如图 2-3-45 所示。

图 2-3-45

② 登录客户端成功后，默认弹出最新的公告信息窗口，点击【上一条】和【下一

条】,可以查看最近的公告信息,如图 2-3-46 所示。

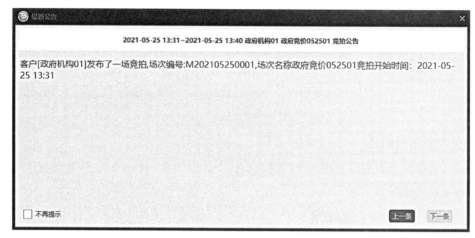

图 2-3-46

点击客户端下方滚动的公告,也可以弹出公告信息窗口,进行公告查看,如图 2-3-47 所示。

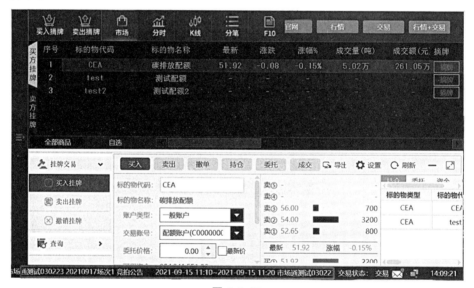

图 2-3-47

12. 日终报表

根据所选条件获取结算后客户日终报表数据,包括每个交易账号下所有资金账号的资金汇总信息,以及所有配额账户的持仓汇总信息。

1)日终报表查询

客户操作员点击【日结报表-日终报表查询】菜单进入如图 2-3-48 所示界面。选择交易日期,可以查看历史日终报表。结算后客户可以查询到当天的日结单数据。

图 2-3-48

2）日终报表预览

客户操作员点击【打印预览】按钮，可以预览该客户要打印的日终报表信息。可以通过点击左侧菜单【日终报表-日终报表查询】回到日终报表查询页面，如图 2-3-49 所示。

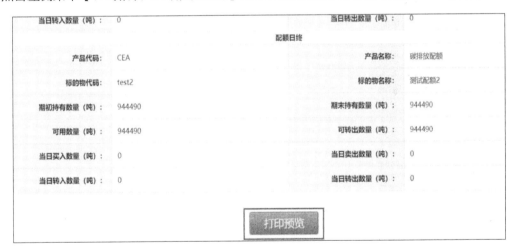

图 2-3-49

13. 用户信息管理

客户可以在用户信息管理中查看用户基本信息，修改登录密码、支付密码和用户信息。

1）修改登录密码

客户操作员点击【用户信息管理-修改登录密码】，输入原登录密码和验证码，通过校验后可修改新的操作员登录密码，如图 2-3-50 所示。

图 2-3-50

2）修改支付密码

客户操作员点击【用户信息管理-修改支付密码】，输入原支付密码和验证码，通过校验后可修改新的支付密码，如图 2-3-51 所示。

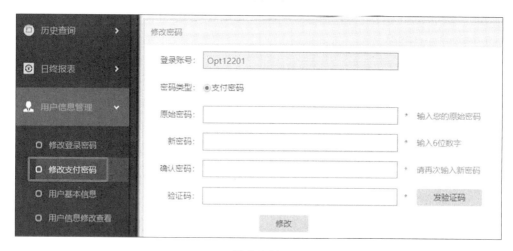

图 2-3-51

3）用户信息查看

客户操作员点击【用户信息管理-用户信息查看】，可以查看企业基本信息，如图 2-3-52 所示。

4）用户信息查看修改

客户操作员点击【用户信息管理-用户信息修改查看-联系人信息修改】进入页面，可以查看或修改联系人信息。修改联系人信息，需要点击【提交】发起修改申请，如图 2-3-53 所示。

图 2-3-52

图 2-3-53

2.3.5　实训步骤

（1）查阅并认真学习《全国碳排放权交易系统交易客户端用户操作手册》；

（2）梳理全国碳排放权交易系统的功能及相关操作的步骤，画出相应的思维导图。

2.3.6　思考题

（1）全国碳排放权交易系统客户端具有哪些功能？

（2）想一想，除了重点排放单位外，全国碳排放权交易系统还有哪些类型的用户？

项目3 开发自愿减排项目

项目目标

（1）熟悉核证自愿减排项目登记流程和减排量登记流程；

（2）掌握 CCER 项目设计文件编制；

（3）掌握 CCER 项目减排量核算报告编制；

（4）掌握使用 CCER 抵销配额清缴的操作流程。

项目任务

（1）画出核证自愿减排项目登记流程和减排量登记流程的思维导图；

（2）学习 CCER 项目设计文件，独立完成项目设计文件的编制；

（3）学习 CCER 项目减排量核算报告，独立完成项目减排量核算报告编制；

（4）画出使用 CCER 抵销配额清缴操作流程的思维导图。

实训 3.1 熟悉核证自愿减排项目登记和减排量登记流程

3.1.1 实训目标

（1）熟悉核证自愿减排项目登记流程；

（2）熟悉核证自愿减排项目减排量登记流程。

3.1.2 实训内容

画出核证自愿减排项目登记和减排量登记流程的思维导图。

3.1.3 实训工具、仪表和器材

（1）硬件：联网计算机 1 台；

（2）软件：Xmind 或百度脑图等思维导图软件。

3.1.4 实训指导

根据《碳排放权交易管理办法（试行）》第二十九条，重点排放单位每年可以使用国家核证自愿减排量抵销碳排放配额的清缴，抵销比例不得超过应清缴碳排放配额的5%。相关规定由生态环境部另行制定。用于抵销的国家核证自愿减排量，不得来自纳入全国碳排放权交易市场配额管理的减排项目。

国家核证自愿减排量（China Certified Emission Reduction，简称 CCER），是指对我国境内可再生能源、林业碳汇、甲烷减排、节能增效等项目的温室气体减排效果进行量化核证，并在国家温室气体自愿减排注册登记系统中登记的温室气体减排量。

1. 我国 CCER 的发展历程

我国 CCER 的发展经历了几个不同阶段：

1）启动阶段

在国际社会对气候变化问题日益关注和应对措施不断加强的背景下，中国作为世界上最大的碳排放国之一，面临着巨大的减排压力。为了实现可持续发展目标，中国政府开始探索和建立自己的碳排放权交易市场。CCER 作为中国碳市场的重要组成部分，

应运而生。

CCER 体系的初步构想，旨在通过市场化手段激励企业和社会公众参与温室气体减排活动，同时为碳排放权交易市场提供补充和支持。2012 年，中国正式启动 CCER 体系的建设工作，标志着中国碳市场发展进入了新的阶段。

2）政策推动与市场建设

在政策层面，中国政府相继出台了一系列文件，为 CCER 体系的建设和发展提供了政策支持和指导。这些政策文件明确了 CCER 项目的申报、审核、注册、监测、报告和核查等流程，为 CCER 项目的顺利实施奠定了基础。

市场建设方面，中国政府鼓励和引导各类市场主体参与 CCER 项目的开发和交易。通过政策宣传、培训和示范项目等方式，提高了市场参与者对 CCER 的认知度和参与度，逐步形成了一个活跃的 CCER 市场。

3）交易阶段的开启

2015 年，随着中国碳市场的逐步成熟，CCER 正式进入交易阶段。首批 CCER 项目的成功核证和交易，标志着中国碳市场进入了一个新的发展阶段。这些项目涵盖了可再生能源、林业碳汇、甲烷减排等多个领域，展示了 CCER 在促进温室气体减排方面的潜力和作用。

4）暂停与反思

然而，随着市场的快速发展，一些问题也逐渐暴露出来。2017 年 3 月，出于对市场规范性和透明度的考量，国家发改委决定暂停新项目的申请和减排量的签发，以加强对 CCER 项目的监管，提高项目质量。暂停签发后，存量 CCER 仍可在地方碳市场上交易，并用于全国碳市场履约抵销。这一政策调整，虽然短期内影响了市场的活跃度，但也为市场参与者提供了反思和调整的机会。

5）重启与优化

经过一段时间的调整和完善，2023 年，中国政府重启了 CCER 项目的开发和交易。新的政策文件更加注重项目的质量和效益，同时加强了对市场监管和风险管理的要求。随着政策环境的优化和市场机制的完善，CCER 市场有望迎来更加健康和可持续的发展。

2023 年 3 月 30 日，生态环境部办公厅公布《关于公开征集温室气体自愿减排项目方法学建议的函》，将建立完善温室气体自愿减排项目方法学体系，并向全社会公开征集温室气体自愿减排项目方法学建议。6 月 27 日，全国温室气体自愿减排注册登记系统和交易系统建设项目初步验收，为 CCER 的注册登记和上线交易做好基础设施准备。7 月 7 日，生态环境部联合市场监管总局对《温室气体自愿减排交易管理暂行办法》进行了修订，编制形成《温室气体自愿减排交易管理办法（试行）》，并面向全社会公开征

求意见。8月17日，北京绿色交易所发布《关于全国温室气体自愿减排交易系统交易相关服务安排的公告》，宣布全国温室气体自愿减排交易系统即日起开通开户功能，明确了全国自愿减排交易的开户主体、交易场所等重要信息。9月15日，时任生态环境部部长主持召开部务会议，审议并原则通过《温室气体自愿减排交易管理办法（试行）》，该文件规定了自愿减排交易市场基本框架，涵盖了核证自愿减排项目审定与登记、减排量核查与登记基本流程的相关规定，被业内解读为 CCER 重启保驾护航的统领性文件。11月16日，国家气候战略中心组织制定了《温室气体自愿减排注册登记规则（试行）》和《温室气体自愿减排项目设计与实施指南》，并予以发布实施。12月25日，国家市场监督管理总局经商生态环境部，制定并发布实施了《温室气体自愿减排项目审定与减排量核查实施规则》。为推动全国温室气体自愿减排交易市场不断完善，国家对 CCER 机制的修订完善工作持续进行着，请读者们持续关注该领域的最新政策文件。

2. CCER 的作用

CCER 在实现中国的碳达峰和碳中和目标中扮演着至关重要的角色。CCER 机制是连接减排项目与碳市场的重要桥梁，它通过市场化的手段，调动全社会的力量，为实现碳达峰和碳中和目标提供了有力的支持。随着 CCER 机制的不断完善和优化，其在国家绿色低碳发展战略中的作用将愈发凸显。

（1）激励减排项目。

CCER 机制通过为可再生能源、林业碳汇、甲烷减排、节能增效等项目提供经济激励，鼓励更多的企业和个人参与到温室气体减排活动中来。项目开发者可以通过销售 CCER 获得额外收入，这有助于降低减排成本。

（2）促进低碳技术的创新与应用。

CCER 项目的实施，促进了低碳技术的创新和应用。许多企业通过参与 CCER 项目，积极探索和采用新的减排技术和方法，提高了能源利用效率，降低了温室气体排放。

（3）调节碳市场。

在碳交易市场中，CCER 可以作为一种抵销工具，允许重点排放单位使用一定比例的 CCER 来抵销其必须购买的碳配额。这增加了碳市场的灵活性，同时也为企业提供了更多的选择，以更低的成本实现减排目标，进而促进整个市场的稳定运行。同时，CCER 也提升了碳市场的流动性，增加了碳市场的交易品种，提高了市场的流动性和活跃度。通过 CCER 的交易，企业和投资者可以更加灵活地进行碳资产的配置和管理，从而促进碳市场的健康发展。

（4）引导资金流向绿色产业。

CCER 的交易机制能够吸引投资流向低碳和零碳项目，如风能、太阳能、生物质能等可再生能源项目，以及森林管理和甲烷回收项目。这些项目有助于减少对化石燃料的依赖，推动能源结构转型，从而直接贡献于碳达峰和碳中和目标的实现。

（5）提升公众意识。

CCER 项目通常涉及广泛的社区和社会参与，如城市绿化、家庭节能改造等，这有助于提升公众对气候变化问题的认识和参与度，培养低碳生活方式，形成全社会共同参与减排的良好氛围。

（6）促进国际合作与接轨。

CCER 机制与国际上其他的自愿减排量机制相兼容，为中国参与全球碳交易市场铺平道路，通过国际合作共享减排成果，提高中国在全球气候治理中的地位和影响力。

（7）支持地方和行业碳中和。

CCER 项目可以在地方层面推动碳中和目标的实现，特别是在那些拥有丰富可再生能源资源或具备较大减排潜力的地区。此外，特定行业的 CCER 项目可以帮助其实现更深层次的减排，如工业、建筑和交通领域。

3. 广东省碳普惠机制（PHCER）

除了国家核证自愿减排量外，部分试点碳市场也有自己的核证自愿减排机制。比如广东省将纳入碳普惠制试点地区的相关企业或个人自愿参与实施的减少温室气体排放和增加绿色碳汇等低碳行为所产生的核证自愿减排量，称作 PHCER。这些减排量可以被纳入碳排放权交易市场作为补充机制，用于抵销碳排放，帮助企业或个人完成其碳排放配额的清缴。

广东省的碳普惠机制（PHCER）是中国在碳交易和碳减排领域的一个创新尝试，旨在通过市场化手段鼓励小微企业、社区家庭和个人参与到减少温室气体排放和增加碳汇的活动中来。广东省的碳普惠制是在全省范围内选择的具有代表性、能够体现不同地域特征和发展水平的地市作为试点地区。最初，广东省选择了广州、东莞、中山、河源、惠州、韶关六个地市作为首批碳普惠制工作试点。这些地区在经济发展水平、产业结构、人口密度以及资源环境条件上各有特点，因此能够为碳普惠制的推广和实施提供多样化的试验田。

在这些试点地区，碳普惠制通过各种形式得以实施，包括但不限于：

① 社区（小区）试点：鼓励居民节约用电、用水、用气，减少私家车出行，进行垃圾分类回收等低碳行为，量化这些行为的减碳效果，并给予"碳币"等奖励。

② 公共交通试点：鼓励市民乘坐低碳交通工具，如 BRT、公共自行车、清洁能源公交、轨道交通等，通过"碳币"奖励机制激励低碳出行。

③ 旅游景区试点：在自然风光为主的景区推广低碳旅游行为，如乘坐环保车、购买非一次性门票等，同样给予"碳币"奖励。

④ 节能低碳产品试点：鼓励消费者购买节能产品和低碳认证产品，通过"碳币"奖励机制激励低碳消费。

1）PHCER 的管理

广东省碳普惠创新发展中心受省级主管部门委托，建立了省级 PHCER 管理系统，负责对 PHCER 的创建、分配、变更、注销等进行详细记录和统一管理。这个系统是确定省级 PHCER 权属的唯一依据，确保了减排量的真实性和可追溯性。

2）PHCER 的创建

PHCER 项目和减排量登记流程和 CCER 类似。PHCER 的创建基于一系列的碳普惠方法学，这些方法学规定了不同类型的减排项目如何计算和验证其减排效果。广东省发布了多个适用于不同类型项目的碳普惠方法学，包括但不限于分布式光伏发电系统、高效节能空调使用、废弃衣物再利用、林业碳汇以及红树林保护等，具体方法学如《广东省安装分布式光伏发电系统碳普惠方法学（2019 年修订版）》《广东省使用高效节能空调碳普惠方法学（2019 年修订版）》《广东省废弃衣物再利用碳普惠方法学（试行）》《广东省林业碳汇碳普惠方法学（2020 年修订版）》和《广东省红树林碳普惠方法学（2023 年版）》等。

一旦碳普惠减排量得到认证，它们就可以在碳交易市场上进行买卖，这为参与减排活动的企业和个人提供了一种经济激励，同时也可以被其他排放单位用来抵销其部分碳排放。

3）PHCER 的交易管理

广州碳排放权交易中心（广碳所）负责 PHCER 的交易管理。交易规则明确了交易场所、参与人、交易标的与规格、交易时间以及交易方式等。PHCER 的交易单位是吨二氧化碳当量，报价单位为元/吨二氧化碳当量，最小交易量为 1 吨二氧化碳当量。

4）PHCER 的适用条件

广东省控排企业可以使用 CCER 或 PHCER 作为清缴配额，抵销实际碳排放量。1 吨二氧化碳当量的 CCER 或 PHCER 可抵销 1 吨碳排放量。企业提交的用于抵销的 CCER 和 PHCER 的总量不得超过企业年度实际碳排放量的 10%，且必须有 70% 以上是本省的 CCER 或 PHCER。

5）抵销条件和工作流程

控排企业使用 PHCER 进行抵销，需要满足《广东省碳普惠交易管理办法》的要求并进行统一注册登记。工作流程包括企业提交申请、主管部门审核、允许抵销等步骤。

6）PHCER 的政策环境

广东省政府为了促进碳普惠制的实施，出台了一系列政策和措施。例如，2015 年，广东省发改委印发实施了《广东省碳普惠制试点工作实施方案》，在全国率先推行碳普惠制度。随后，在 2022 年，广东省又印发了《广东省碳普惠交易管理办法》，自 2022 年 5 月 6 日起施行，有效期为 5 年，进一步规范了碳普惠管理和交易，促进了绿色低

碳循环发展的生产生活方式。

　　随着时间的推移，广东省碳普惠制试点地区可能还会进一步扩大，以覆盖更多城市和地区，积累更多实践经验，优化碳普惠制的实施策略，为全省乃至全国的碳普惠制推广提供宝贵经验。同时，试点地区的成功案例和经验教训也会为后续政策的制定和调整提供重要参考。

3.1.5　实训步骤

　　根据以上实训指导内容并查找相关资料，完成中国核证自愿减排项目登记和减排量登记流程的思维导图。要求思维导图要包含基本流程、项目范围、减排量范围、各阶段主要工作、准备的材料和各阶段时长等内容。

3.1.6　思考题

　　（1）详细论述如何审定、登记 CCER 项目和核查、登记减排量，具体流程是怎样的。

　　（2）什么是 CCER 项目的唯一性和额外性？

实训 3.2　编制 CCER 项目设计文件

3.2.1　实训目标

掌握 CCER 项目设计文件编制。

3.2.2　实训内容

通过实训指导和案例,学习 CCER 项目设计文件,独立完成项目设计文件的编制。

3.2.3　实训工具、仪表和器材

(1)硬件:联网计算机 1 台;
(2)软件:办公软件。

3.2.4　实训指导

1. CCER 项目设计文件简介

CCER 项目设计文件(Program design document,简称 PDD)是申报中国核证自愿减排量项目的核心文档,它详细记录了项目的背景、技术方案、减排原理、预期减排量计算、额外性论证、基准线设定、实施计划、监测与报告机制、环境与社会影响评估、经济效益分析、合规性与风险管理等关键信息,旨在确保项目符合国家温室气体自愿减排交易体系的要求,以及项目的真实性和额外性。

项目设计文件是 CCER 项目开发的起点,是申请 CCER 项目的必要依据,是体现项目合格性并进一步计算与核证减排量的重要参考。编制 CCER 项目设计文件的目的是明确项目的减排目标、方法和流程,为项目的审批、注册、监测、报告和核查(MRV)提供依据。

只有经过审核和批准的项目设计文件,才能确保项目产生的减排量被认定为合法的 CCER,进而能够在碳交易市场上进行交易。它是项目能否被纳入国家温室气体自愿减排交易体系的关键,直接关系到项目是否能够产生并交易 CCER,从而获取经济效益。因此,项目设计文件的质量直接影响项目的市场接受度和价值。

项目设计文件涵盖项目的目的、概述、技术细节、减排量计算等内容。在编制流程中,需要明确项目需求、设计方案、评估影响,并进行透明、详尽的说明。

具体的，项目设计文件编制要点包括：项目活动描述、方法学适用性、项目边界、基准线识别、额外性论证、减排量计算、监测计划、项目期限与计入期、环境影响评价、利益相关方和相关附件等。

2. 项目设计文件的基本要求

1）项目设计文件的结构和格式

项目设计文件通常包括项目简介、项目描述、技术方案、减排原理、额外性论证、基准线设定、实施计划、监测与报告机制、环境与社会影响评估、经济效益分析、合规性与风险管理等部分。文件应遵循国家相关标准和指南的格式要求，确保内容清晰、完整且易于审核。

2）项目设计文件的法律和政策依据

项目设计文件的编制需严格遵守《碳排放权交易管理办法（试行）》等法律法规，以及《温室气体自愿减排交易管理办法（试行）》《温室气体自愿减排项目审定与减排量核查实施规则》《GB/T 33760 基于项目的温室气体减排量评估技术规范通用要求》和《温室气体自愿减排项目设计与实施指南》等相关政策文件。

3. 温室气体自愿减排项目要遵循的基本原则

① 完整性：包括方法学规定的所有与项目相关的温室气体源和汇，不遗漏任何相关的温室气体排放和清除。

② 准确性：尽可能减少偏差和不确定性。

③ 保守性：在难以对相关参数、技术路径等进行精准判断时，使用保守的假设、数值和程序，以确保项目减排量不被高估。

④ 透明性：在满足相关法律法规要求的前提下，以便于公众获得的方式披露项目和减排量的相关信息。

⑤ 唯一性：避免项目同时在两个或两个以上的温室气体减排机制下登记，避免项目重复认定或者减排量重复计算。

4. 编写 PDD 文件的步骤

编写一份完整的 PDD 文件可以遵循以下步骤：

① 明确项目需求：要明确项目类型、目标、所在地区以及项目的范围等，并注意考虑项目对社会、经济和环境的影响等方面的需求。

② 确定实施计划和时间表：需要制订出实施计划和时间表，确定项目的阶段性目标和同步性目标。

③ 技术方案设计：根据项目类型和目标，制订出技术实现方案细节。

④ 设计温室气体排放量：需要对项目的减排潜力进行分析，明确排放活动范围与减排量计算方法，并设置严密的监测方案。

⑤ 考虑环境影响评估：对项目实施后能够产生的环境影响进行评估，确保项目在环境方面的可行性和可持续性。

⑥ 考虑经济成本和效益：需要分析项目的经济成本和回报，并考虑项目对当地经济和社会的影响，以及提升当地生产力和创造就业机会等方面的效益。

⑦ 考虑社会效益和可持续性：需要对项目可持续性进行评估，同样需要考虑项目对社会、就业和当地民生方面的影响和效应。

⑧ 编写模板文档：列出一个初步的 PDD 文档模板，包括文档的段落、要求和标准，确保文档准确和完整。

⑨ 撰写并修改文档：根据以上步骤完成项目设计文档和相应的计算结果。

⑩ 委托审定：委托审定单位对项目进行审定。

5. 重要术语和定义

在编写项目设计文件过程中，有一些重要的术语、定义、内容要求和注意要点，下面进行详细介绍。

温室气体清除（greenhouse gas removal）：在特定时段内从大气中清除的温室气体总量（以质量单位计）。

温室气体减排量（greenhouse gas emission reduction）：经核算得到的一定时期内项目所产生的温室气体排放量与基准线情景的排放量相比较的减少量，或项目所产生的温室气体清除量与基准线情景的清除量相比较的增加量。（注：为方便表达，在 CCER 项目设计文件中，将一定时期内项目产生的相对于基准线情景的清除量的增加也简称为"减排量"。）

项目业主（project owner）：申请温室气体自愿减排项目登记的法人或者其他组织。（注：项目业主原则上是项目所有者，也可以是获得项目所有者授权并申请温室气体自愿减排项目登记的法人或其他组织。）

项目边界（project boundary）：与项目有关或受项目影响的设施、系统和设备，以及可合理归因于项目产生的所有温室气体排放源和汇。

基准线情景（baseline scenario）：用来提供参照的，在不实施温室气体自愿减排项目的情况下提供同等产品和服务最可能发生的假定情景。

额外性（additionality）：指作为温室气体自愿减排项目实施时，与能够提供同等产品和服务的其他替代方案相比，在内部收益率财务指标等方面不是最佳选择，存在融资、关键技术等方面的障碍，但是作为自愿减排项目实施有助于克服上述障碍，并且相较于相关项目方法学确定的基准线情景，具有额外的减排效果，即项目的温室气体排放量低于基准线排放量，或者温室气体清除量高于基准线清除量。

项目计入期（project crediting period）：可申请项目减排量登记的时间期限。

泄漏（leakage）：由项目引起且发生在项目边界之外的，可测量、可核查的温室气体排放量。

监测（monitoring）：对项目减排量核算所涉及的所有相关参数实施测量、记录、汇总的过程。

监测计划（monitoring plan）：对项目减排量核算所涉及的所有相关参数实施测量、记录、汇总的计划。

核算期（accounting period）：在项目计入期内，实际申请登记温室气体减排量的时间区间。项目计入期可根据方法学和相关规定要求以及项目实际情况分为若干核算期，一个核算期为温室气体自愿减排项目减排量核算报告所覆盖的连续时间区间。

审定（validation）：审定与核查机构对拟申请登记的温室气体自愿减排项目进行系统的、独立的第三方评审，并且形成报告的过程。

核查（verification）：审定与核查机构对拟申请登记的项目减排量进行系统的、独立的第三方评审，并且形成报告的过程。

6. 项目设计文件内容要求和注意要点

1）项目类型和所属行业领域的识别

温室气体自愿减排项目包括避免、减少排放类项目和清除（碳汇）类项目。项目设计文件应当结合所应用的温室气体自愿减排项目方法学，说明拟申请登记项目的所属行业领域。项目所属行业领域目录如表 3-2-1 所示。

表 3-2-1　温室气体自愿减排项目所属行业领域

序号	行业	包含的活动（示例）
1	能源产业（可再生/不可再生资源）	利用可再生能源生产电力、热力或燃气，或在能源生产活动中采取能效提升、低碳电力、燃料/原料转换等减排技术和措施
2	能源分配	在电力、热力、燃气等能源输配活动中采取可再生能源利用、能效提升、燃料/原料转换等减排技术和措施
3	能源需求	在能源需求侧采取可再生能源利用、能效提升、燃料/原料转换等需求侧相应技术和管理措施，避免或减少温室气体排放
4	制造业	在制造业生产过程中（化学工业、金属生产除外）采取可再生能源利用、能效提升、燃料/原料转换、销毁温室气体、替代强效温室气体、避免温室气体排放等减排技术和措施
5	化学工业	在化学工业生产过程中采取可再生能源利用、能效提升、燃料/原料转换、销毁温室气体、替代强效温室气体、避免温室气体排放等减排技术和措施

序号	行业	包含的活动（示例）
6	建筑业	在建筑业生产过程中采取可再生能源利用、能效提升、燃料/原料转换、销毁温室气体、替代强效温室气体、避免温室气体排放等减排技术和措施
7	交通运输业	在交通运输活动中采取可再生能源利用、能效提升、燃料/原料转换、替代强效温室气体等减排技术和措施
8	采矿/矿物生产	在采矿和矿物生产过程中采取可再生能源利用、能效提升、燃料/原料转换、销毁温室气体等减排技术和措施（不包括避免、减少、销毁或回收利用煤炭、石油、天然气等燃料生产与输送过程中逸散的甲烷等温室气体）
9	金属生产	在金属生产活动中采取可再生能源利用、能效提升、燃料/原料转换、避免温室气体等减排技术和措施
10	燃料（固体、石油和天然气）的逸散性排放	避免、减少、销毁或回收利用燃料（煤炭、石油、天然气等）生产与输送过程中逸散的甲烷等温室气体
11	卤烃、六氟化硫的生产与使用过程中的逸散性排放	避免、减少、销毁或回收利用卤烃、六氟化硫生产与使用过程中产生的温室气体
12	溶剂使用	避免、减少、销毁或回收利用化石燃料、HFCs、PFCs等作为溶剂使用过程中产生的温室气体
13	废物处理处置	避免、减少、销毁或回收利用固体废弃物、工业废水、生活废水处理处置过程中产生的甲烷、氧化亚氮等温室气体
14	林业和其他碳汇类型	通过造林再造林，改善森林经营管理，避免森林转化，保护恢复草地、湿地、红树林等技术措施增加林业或其他生态系统的碳储量
15	农业	通过可持续农业、改进牲畜养殖或动物粪便管理方式等技术措施，避免、减少、销毁或回收利用动物养殖、水稻生产、农田氮肥施用、农业残留物焚烧等过程中的甲烷或氧化亚氮排放
16	碳捕集、利用和/或封存	二氧化碳的捕集、利用和/或封存

2）项目设计文件的描述信息

项目设计文件应当描述以下信息：

① 项目名称；

② 项目目的、概述以及如何促进当地可持续发展；

③ 项目业主、授权协议（当项目业主不是项目所有者时）等相关信息；

④ 项目地点（地理位置）；

⑤ 项目拟采用的技术和措施，以及项目实施前在同一地点采用的技术和措施（如涉及）；

⑥ 项目的唯一性；

⑦ 项目是否为本机制下注销的项目。

3）方法学的选择

项目业主应当在生态环境部发布的温室气体自愿减排项目方法学中选择适用的方法学，在项目设计文件中描述该方法学的名称、版本，并详细论证该方法学及其版本的适用性。

4）方法学的应用

（1）项目边界的确定。

项目设计文件应当描述项目边界，包括项目设施、系统和设备所在的地理边界以及边界内的排放源和汇。

项目设计文件应当按照方法学和相关规定的要求，确定与项目及基准线情景有关的排放源和汇，以及温室气体的种类，并且论证其合理性。

（2）基准线情景。

项目设计文件应当按照方法学和相关规定的要求识别项目基准线情景，分别说明项目和基准线情景下运行的设施、系统和设备的相关信息，并且对基准线情景提供同等产出或服务的情况作出说明。如果项目涉及对现有设备的替代，应当合理估计在不实施项目情况下该设备本应被替代的时间点。

（3）额外性论证。

项目设计文件应当根据方法学中关于额外性论证的要求以及额外性论证工具规定的相关步骤和方法，对项目额外性进行论证。

（4）减排量计算。

① 计算方法。

项目减排量为基准线排放量（清除量）与项目排放量（清除量）之差，如果由于项目实施引起项目边界之外的泄漏，泄漏量应当在减排量中予以扣除。

项目设计文件应当按照方法学和相关规定的要求描述减排量计算方法，减排量计算分为项目设计阶段的预先估算和项目实施后的核算。

预先估算：描述基准线排放量（清除量）、项目排放量（清除量）、泄漏以及项目计入期内减排量预先估算的方法、步骤和结果。

核算：描述项目实施后用于核算基准线排放量（清除量）、项目排放量（清除量）、泄漏以及项目减排量的方法和步骤。

② 参数的确定。

用于减排量计算的参数分为项目设计阶段确定的参数和需要在项目实施阶段监测的参数。项目设计文件应当分别对上述两类参数的名称、单位、来源等进行详细说明。

如果方法学和相关规定中对某个参数的确定提供了多种选项，项目设计文件应当作出合理选择并且予以论证。

③ 抽样。

如果方法学和相关规定允许，项目业主可以采用抽样的方法确定用于减排量计算的参数，项目设计文件应当确定数据抽样的具体方式，制订数据抽样方案，并对数据抽样方案进行说明。

（5）监测计划。

项目设计文件应当根据方法学和相关规定的要求制订监测计划，监测计划应当至少包含如下内容：

① 监测计划实施的组织形式和职责分工；

② 参数名称、单位、获取方式，涉及的计算方法；

③ 监测方法和程序、监测和记录频次以及实施监测的人员；

④ 监测仪表的名称、数量、安装位置、精度、校准频次等，以及与监测仪表相关的内部管理规定等；

⑤ 数据缺失或异常的处理方式，须遵循保守性原则并且符合方法学和相关规定；

⑥ 监测数据记录、收集、归档及保存期限；

⑦ 数据抽样方案（如涉及）；

⑧ 质量保证与质量控制程序。

5）项目开工日期、计入期和寿命期限

项目设计文件应当确定项目开工日期、计入期开始时间和期限。项目开工日期一般为建设工程施工合同或者开工文件签署日期。

项目设计文件应当对项目寿命期限及其确定的依据进行说明，并根据项目寿命期限以及方法学和相关规定，确定项目计入期开始时间和结束时间。

计入期开始时间应当在 2020 年 9 月 22 日之后，且不得早于项目开工日期。分期实施的项目只能确定一个计入期开始日期。

6）环境影响和可持续发展

项目业主应当根据《中华人民共和国环境影响评价法》和《建设项目环境影响评价分类管理名录》等相关规定，对项目的环境影响进行评价。项目应当对促进当地可持续发展有促进作用。

7）林业和其他碳汇类项目的特殊要求

项目业主应当根据所应用的林业和其他碳汇项目方法学等相关规定，完成林业和其他碳汇类项目的项目设计。其中林业碳汇类项目还应当满足以下几点要求：

（1）项目描述。

林业碳汇类项目设计文件应当在以上相关要求的基础上增加如下描述：

① 项目边界的环境条件，包括气候、水文、土壤和生态系统；

② 稀有和濒危物种及其栖息地情况；

③ 当前土地和林木的权属以及项目减排量归属权；

④ 土地合格性；

⑤ 项目选择的树种等。

（2）方法学的选择和应用。

林业碳汇类项目方法学选择和应用除满足以上相关要求外，还应当满足以下要求：

① 项目边界：项目设计文件应明确项目所在土地的唯一识别信息，证明项目业主对项目边界内的林业活动拥有控制权；证明项目边界内每个实施林业活动的地块的合格性。

② 基准线情景：项目设计文件应当按照林业碳汇类项目方法学和相关规定的要求，说明项目边界内每个碳层的基准线情景。

③ 减排量计算：林业碳汇类项目的减排量等于项目清除量与基准线清除量之差，如有泄漏，应当予以扣除。项目清除量是指项目各碳库的碳储量变化量之和减去项目排放量；基准线清除量是指在基准线情景下，各碳库的碳储量变化量之和减去基准线排放量。

④ 监测计划：除满足上述相关要求外，林业碳汇类项目设计文件还应当说明如何监测森林管理活动；如何确定和记录项目边界的地理坐标（包括分层边界的地理坐标）；识别降低泄漏的措施，并且定期监督措施的实施情况。

（3）项目开工日期和计入期。

项目设计文件应当根据林业碳汇类项目方法学和相关规定，对项目开工日期、项目寿命期限、计入期期限及其确定的依据进行说明。

林业碳汇类项目的开工日期一般为在项目边界内的土地上首次实施整地、播种或者植苗的日期。

（4）环境影响分析和可持续发展协同效益。

除满足上述相关要求外，环境影响分析应当特别关注对生物多样性和自然生态系统的影响，以及项目边界以外的影响，并且分析对可持续发展的促进作用。

（5）非持久性。

林业碳汇类项目设计文件应当说明为防止火灾、病虫害、采伐等影响减排量持久性而采取的措施。

3.2.5　实训步骤

（1）根据以上实训指导内容，认真学习附录4《温室气体自愿减排项目设计文件模板》，理解并掌握项目设计文件编写方法。

（2）根据《广东省使用高效节能空调碳普惠方法学（2019年修订版）》，为学校宿舍使用高效节能空调项目编制项目设计文件。假设学校宿舍共有2000间，每间宿舍使用1台一匹节能空调。所有宿舍使用的空调品牌、型号和能效等级相同，可自行拟定，价格和相关参数可参考电商平台上展示商品信息。

3.2.6　思考题

（1）什么是PDD？PDD应包括哪些内容？

（2）审定与核查机构要符合什么条件？在项目核证减排过程中，审定与核查机构起到什么作用？

（3）什么是方法学？如何确定适用的方法学？

实训 3.3　编制 CCER 项目减排量核算报告

3.3.1　实训目标

掌握 CCER 项目减排量核算报告编制。

3.3.2　实训内容

通过实训指导和案例，学习 CCER 项目减排量核算报告，独立完成项目减排量核算报告编制。

3.3.3　实训工具、仪表和器材

（1）硬件：联网计算机 1 台；

（2）软件：办公软件。

3.3.4　实训指导

1. CCER 项目减排量核算报告简介

CCER 项目减排量核算报告（以下简称减排量核算报告）是指对 CCER 项目在实施过程中产生的温室气体减排量进行核算、验证和报告的正式文件。它不仅是项目业主申请 CCER 减排量核证和注册的必要依据，也是项目参与碳市场交易的重要凭证。

减排量核算的基本原理是通过比较项目实施前后的温室气体排放量差异，来确定项目的减排量。核算方法主要包括基准线方法、增量方法等，具体方法的选择需根据项目的实际情况和适用的指导文件来确定。

申请项目减排量登记的项目业主应当按照方法学等相关技术规范要求编制减排量核算报告，并委托符合规定的审定与核查机构对减排量进行核查。减排量核算报告应当包括项目实施情况、温室气体减排量核算结果等内容。

具体的，减排量核算报告编制要点包括：项目活动描述、备案项目活动描述、项目备案后的变更、监测数据和参数、抽样方案实施情况、减排量核算，等等。

2. CCER 项目减排量核算报告编制流程

CCER 项目减排量核算报告可以按照以下流程进行编制：

1）项目识别与边界确定

项目识别是编制减排量核算报告的第一步，包括项目类型、地点、业主等信息。项目边界的确定是明确项目减排量核算的范围，通常包括地理边界、时间边界和参与者边界。

2）基准线情景与项目情景构建

基准线情景是指在没有实施项目的情况下，预期发生的温室气体排放水平。项目情景则是指在实施项目后，实际发生的排放水平。构建这两种情景是减排量核算的关键步骤。

3）数据收集与处理

数据收集是确保减排量核算准确性的基础。需要收集的数据包括排放源、活动水平、排放因子等。数据处理包括数据验证、缺失数据处理、异常值处理等。

4）减排量计算

减排量计算是通过对基准线情景与项目情景的差值进行量化，得到项目的实际减排量。计算过程需遵循相关方法学的要求。

5）报告编制与审核

报告编制是将上述步骤的结果整理成正式的减排量核算报告。报告应包括项目概述、基准线分析、项目情景分析、减排量核算、不确定性分析等内容。报告编制完成后，须进行内部审核，确保报告的质量。

根据《温室气体自愿减排交易管理办法（试行）》，项目业主应当严格按照项目设计文件相关内容实施和运行项目，按照监测计划相关内容开展监测活动。

项目业主可以根据方法学和相关规定要求以及项目实际情况，将计入期划分为若干核算期，对每个核算期的减排量单独核算并编制温室气体自愿减排项目减排量核算报告。减排量核算报告应当说明项目实施和运行情况，以及核算期内参数的监测情况，主要包括如下信息：项目描述、项目实施、监测系统的描述、参数的确定、减排量的核算。

3. 报告部分内容详细说明

下面对报告各部分内容进行详细说明。

1）项目描述

减排量核算报告应当对如下项目基本信息进行说明：

① 项目概述，包括项目目的、减排措施、所采用技术和相关设施、项目实施的关键日期（如建设、调试、开始运行等）；

② 项目登记或相关批复等关键信息；

③ 核算期顺序号、覆盖日期及所产生的温室气体减排量；

④ 项目的地理位置，包括能唯一识别项目位置的信息及地图；

⑤ 采用的方法学的名称及版本号，以及引用的规范性文件；

⑥ 相较于登记的项目设计文件，监测计划及其相关参数的调整情况（适用时）。

2）项目实施

减排量核算报告应当对如下项目实施情况进行说明：

① 项目采用的技术、工艺流程、设施、系统及设备等相关信息。

② 项目实施和运行信息，包括项目实施关键日期等。对于存在多个场地的项目，应当说明每个场地的实施情况和开始运行日期。对于分阶段实施的项目，应当说明项目在每个阶段的实施情况。

3）监测系统的说明

减排量核算报告应当说明项目所采用的监测系统，并且提供显示所有相关监测点的示意图。说明内容包括：数据收集程序（包括数据生成、汇总、记录、计算和报告、归档等信息流）、组织形式、人员分工及责任，以及监测系统的应急程序等。

4）参数的确定

减排量核算报告应当说明用于计算基准线排放量、项目排放量和泄漏的所有参数的确定方法，并对于每个参数：

① 确认参数的名称、数值和在方法学中对应计算公式的编号；

② 提供参数的说明、单位、数据来源（如日志、日常测量记录、调查等）等；

③ 说明项目设计阶段确定的相关参数及其数值；

④ 对测量获得的数据，应当说明监测仪表的安装位置、准确度、校准信息（频率、校准日期和有效期）、监测方法、记录频次等信息；

⑤ 说明质量控制或质量保证程序，包括监测设备的校准程序、数据缺失或异常的处理程序、数据内部校核等规定；

⑥ 数据用途等。

通过抽样方式获得的数据，应当说明项目设计文件中的数据抽样方案及执行情况。

项目业主应当按照方法学、监测计划或相关规定中要求的校准频次，对监测仪表进行校准。存在未校准、延迟校准或者校准误差不满足规定要求的，应按照相关方法学要求对数据进行保守性处理。

5）减排量核算

减排量核算报告应当按照项目方法学相关要求，详细说明减排量的核算过程，并说明以下数据的核算方法、步骤、公式和结果：

① 基准线排放量或基准线清除量；

② 项目排放量或清除量；

③ 泄漏；

④ 减排量。

减排量核算报告应当将核算期内年均减排量核算结果与登记的项目设计文件中的预先估算值进行比较。如果核算期内的年均减排量高于项目设计文件中的预先估算值，应详细解释减排量增加的原因。

6）林业和其他碳汇类项目的特殊要求

林业和其他碳汇类项目，根据生态环境部发布的相关方法学，在减排量核算时需要扣除核算期内一定比例的减排量，以应对非持久性风险，具体扣除比例按照项目方法学执行。

4. 编制 CCER 项目减排量核算报告的注意事项

（1）遵循相关法律法规和政策要求。

编制报告时，必须遵循国家及地方的相关法律法规和政策要求，确保报告的合法性。

（2）确保数据真实、准确、完整。

确保数据真实、准确、完整是编制减排量核算报告的基本要求。数据的质量直接影响到减排量核算结果的可靠性。以下是一些确保数据质量的措施：

① 数据来源：优先选择官方或权威机构发布的数据，如国家统计局、能源部门等。

② 数据收集方法：采用标准化的数据收集表格和流程，确保数据的统一性和可比性。

③ 数据验证：通过交叉检验、现场核查等方式，验证数据的准确性。

④ 数据记录：建立完整的数据记录体系，包括原始数据、处理过程、数据来源等信息。

（3）提高报告编制质量与效率。

提高报告编制的质量与效率是确保报告顺利通过审核的关键。以下是一些建议：

① 人员培训：对参与报告编制的人员进行专业培训，提高其业务水平。

② 流程优化：优化报告编制流程，减少不必要的步骤，提高工作效率。

③ 质量控制：建立质量控制体系，对报告编制的各个环节进行严格把控。

④ 经验分享：鼓励团队内部经验分享，学习借鉴成功案例的做法。

CCER 项目减排量核算报告不仅是项目业主申请 CCER 核证和注册的必要文件，也是项目参与碳市场交易的重要依据。准确、可靠的减排量核算报告，对于促进碳市场健康发展、实现国家减排目标具有重要意义。

在编制减排量核算报告的过程中，可能会遇到数据获取困难、核算方法选择不当、报告审核不通过等挑战。对策包括加强与相关部门的沟通、提高数据管理水平、加强团队建设等。

随着碳市场的不断完善和减排技术的进步，CCER 项目减排量核算报告的编制将更加标准化、专业化。未来可能会有更多的技术创新，如大数据、云计算等在减排量核算中的应用，提高报告的编制效率和准确性。

3.3.5 实训步骤

（1）根据以上实训指导内容，认真学习附录5《温室气体自愿减排项目减排量核算报告模板》，理解并掌握项目减排量核算报告编写方法。

（2）根据前面实训3.2中学校宿舍使用高效节能空调项目拟定的信息，按照每台空调年使用时长2399 h进行理论计算，为该项目编制CCER项目减排量核算报告。

3.3.6 思考题

（1）CCER项目减排量核算报告应包括哪些内容？

（2）CCER项目减排量核算报告所涉数据和信息有什么管理要求？

实训 3.4 使用 CCER 抵销配额清缴

3.4.1 实训目标

掌握使用 CCER 抵销配额清缴的操作流程。

3.4.2 实训内容

画出使用 CCER 抵销配额清缴操作流程的思维导图。

3.4.3 实训工具、仪表和器材

（1）硬件：联网计算机 1 台；

（2）软件：Xmind 或百度脑图等思维导图软件。

3.4.4 实训指导

使用中国核证自愿减排量（CCER）抵扣碳配额进行履约清缴，是碳排放权交易市场中的一个重要机制。我国的 CCER 体系于 2012 年启动建设，2015 年进入交易阶段。2017 年 3 月暂停了新项目的申请和减排量的签发。暂停签发后，存量 CCER 仍可在地方碳市场上交易，并用于全国碳市场履约抵销。2023 年，全国温室气体自愿减排注册登记系统和交易系统上线，CCER 重启的制度和规则陆续出台。对于 2017 年 3 月 14 日前备案的核证自愿减排量存量，下文简称为"旧有 CCER"；对于重启后登记的核证自愿减排量，下文简称为"新 CCER"。

对于旧有 CCER，各地方试点碳市场和全国碳市场在履约抵销方面都有相应的规定，具体如表 3-4-1 所示。

表 3-4-1　各地方试点和全国碳市场在履约抵销方面的规定

碳市场	使用上限	时间限制	地域限制	类型限制	政策依据
深圳	不超过年度碳排放量的 10%	无	指定了风力发电、太阳能发电以及垃圾焚烧发电项目的省份；优先和本市签署碳交易合作协议的省份和地区；农林项目不受地区限制	可再生能源和新能源项目、清洁交通减排、海洋固碳减排、林业碳汇、农业减排项目	《深圳市碳排放权交易管理暂行办法》《深圳市碳排放权交易市场抵销信用管理规定（暂行）》

碳市场	使用上限	时间限制	地域限制	类型限制	政策依据
北京	不超过当年核发配额量的5%	2013年1月1日后	京外CCER不超过企业当年核发配额量的2.5%；优选津、冀等与本市签署应对气候变化、生态建设、大气污染防治等协议地区	非来自氢氟碳化物（HFCs）、全氟化碳（PFCs）、氧化亚氮（N_2O）、六氟化硫（SF_6）气体及水电项目；非来自本市行政辖区内重点排放单位固定设施项目	北京市碳排放权抵销管理办法（试行）
上海	不超过年度碳排放量的3%	2013年1月1日后	非来自本市试点企业排放边界范围内的CCER	非水电类项目	关于本市碳排放交易试点期间有关抵销机制适用规定的通知、上海市2021年碳排放配额分配方案
天津	不超过当年实际碳排放量的10%	2013年1月1日后	优先使用京津冀地区自愿减排项目产生的减排量	仅限于二氧化碳气体项目；来自非水电项目	天津市发展改革委关于天津市碳排放权交易试点利用抵销机制有关事项的通知
湖北	不超过年度初始配额的10%	已备案减排量100%可用于抵销，未备案减排量按不高于项目有效计入期内减排量60%的比例用于抵销	湖北省内项目或与湖北省签署了碳市场合作协议的省市项目	非大、中型水电类项目；鼓励优先使用农林类项目	湖北省发展改革委关于2015年湖北省碳排放权抵销机制有关事项的通知
重庆	不超过审定排放量的8%	2010年12月31日后投入运行，碳汇项目不受此限制	暂无	非水电类项目	重庆市碳排放配额管理细则（试行）
福建	不得高于其当年经确认的排放量的10%	2005年2月16日之后开工建设	在本省行政区内产生，且非来自重点排放单位的减排量	非水电项目产生的减排量；仅来自CO_2、CH_4气体的项目减排量	福建省碳排放权抵销管理办法（试行）

碳市场	使用上限	时间限制	地域限制	类型限制	政策依据
广东	用于抵销的CCER和PHCER的总量不得超过企业年度实际碳排放量的10%	暂无	用于抵销的CCER和PHCER必须有70%以上是本省CCER或PHCER；与广东省签署了协议的省市按协议执行	非其他试点碳市场地区的项目；二氧化碳（CO_2）、甲烷（CH_4）减排量应占项目温室气体减排量的50%以上；非水电、化石能源发电、供热和余能利用项目；非CDM注册前就已经产生减排量的项目	广东省控排企业使用国家核证自愿减排量（CCER）省会级碳普惠核证减排量（PHCER）抵销2022年度实际碳排放的工作指引
全国	抵销比例不得超过应清缴碳排放配额的5%	无	无	不得来自纳入全国碳排放权交易市场配额管理的减排项目	碳排放权交易管理办法（试行）

无论是旧有 CCER 还是新 CCER，在配额清缴抵销中，均需要在相应的账户中完成操作，涉及的账户包括：国家自愿减排和排放权交易注册登记系统（简称旧自愿减排注册登记系统，网址：http://registry.ccersc.org.cn/login.do）登记账户；在北京绿色交易所、天津排放权交易所、上海环境能源交易所、广州碳排放权交易中心、深圳排放权交易所、湖北碳排放权交易中心、重庆联合产权交易所、四川联合环境交易所、海峡股权交易中心（简称"旧有 CCER 交易机构"）任一交易系统的交易账户；全国温室气体自愿减排注册登记系统（简称新自愿减排注册登记系统，网址：https://ccer.cets.org.cn）登记账户和全国温室气体自愿减排交易系统（简称自愿减排交易系统，网址：https://www.ccer.com.cn）交易账户。

1. 使用 CCER 抵扣碳配额的步骤

（1）确定履约需求。企业需要评估其在履约期内的碳排放量，确定是否需要额外的减排量来履约。

（2）购买 CCER。如果企业预计其碳排放量将超过持有的碳配额，可以通过碳市场购买 CCER。

（3）CCER 注册和账户管理。企业需要在碳交易所开设账户，并将购买的 CCER 转入其账户。

（4）抵扣流程。在履约清缴时，企业可以在碳交易所平台上提交抵扣申请，将 CCER 用于抵扣其碳排放量。

（5）履约报告。企业需要在履约期内提交履约报告，其中包括使用 CCER 抵扣的详细信息。

2. 使用 CCER 抵扣碳配额的注意事项

（1）CCER 的质量和类型。企业应确保购买的 CCER 符合相关质量要求，并且是可用于抵扣的类型。

（2）抵扣比例限制。不同地区的碳市场可能对 CCER 抵扣碳配额的比例有不同的规定，企业需遵守当地政策。

（3）报告和记录。企业需要妥善记录 CCER 的购买、使用和抵扣情况，以备日后审计和核查。

（4）价格和流动性。企业应关注 CCER 的市场价格和流动性，合理规划购买时机。

（5）政策变动。企业需要关注相关政策变动，包括 CCER 的认可标准、抵扣规则等。

3. 示　例

假设某企业 A 在履约期内预计碳排放量为 100 万吨，持有的碳配额为 90 万吨，因此需要额外的 10 万吨减排量来履约。那么，A 企业可以通过以下步骤，来完成使用 CCER 抵扣碳配额进行履约清缴：

（1）购买 CCER。企业 A 在碳市场上购买了 10 万吨 CCER。

（2）账户管理。企业 A 将购买的 CCER 转入其在碳交易所的账户。

（3）抵扣申请。在履约清缴时，企业 A 在碳交易所平台上提交了使用 CCER 抵扣的申请。

（4）履约报告。企业 A 在履约报告中详细说明了使用 CCER 抵扣的情况。

（5）完成履约。经过审核，企业 A 成功使用 CCER 抵扣了不足的碳配额，完成了履约清缴。

通过以上步骤，企业 A 不仅满足了碳排放控制的要求，还可能通过购买价格较低的 CCER 来降低履约成本。

3.4.5　实训步骤

（1）根据以上实训指导内容，查找并学习 CCER 抵销配额清缴的最新资料，如《温室气体自愿减排注册登记规则（试行）》《2021、2022 年度全国碳市场重点排放单位使用 CCER 抵销配额清缴程序》和《2021、2022 年度全国碳市场重点排放单位使用 CCER 抵销配额清缴程序补充说明》，等等。

（2）完成使用 CCER 抵销配额清缴操作流程及注意事项的思维导图。

3.4.6　思考题

（1）使用 CCER 抵销配额清缴有什么注意事项？

（2）举例说明如何理解抵销比例不得超过应清缴碳排放配额的 5%。

项目 4　碳资产管理与碳金融

项目目标

（1）熟悉碳资产管理的主要手段，包括：

① 建立碳排放权交易分析框架，制订交易策略；

② 充分运用 CCER 抵销机制，灵活处置富余配额；

③ 参与套期保值交易，规避碳市场波动风险；

④ 积极储备碳减排项目，开发碳减排资产参与交易。

（注：②和④在前面课程已经进行过相关实训，本项目不再进行训练。）

（2）熟悉相关的碳金融产品。

项目任务

（1）建立碳排放权交易分析框架，制订交易策略；

（2）熟悉碳交易中的套期保值操作；

（3）熟悉碳金融工具的使用。

实训 4.1　建立碳排放权交易分析框架，制订交易策略

4.1.1　实训目标

（1）熟悉影响碳价的因素；

（2）能制定碳排放权交易策略。

4.1.2　实训内容

（1）分析归纳影响碳价的各个因素，画出碳排放权交易分析框架的思维导图；

（2）掌握制定碳排放权交易策略的框架体系，画出相应的思维导图。

4.1.3　实训工具、仪表和器材

（1）硬件：联网计算机 1 台；

（2）软件：Xmind 或百度脑图等思维导图软件。

4.1.4　实训指导

1. 碳价影响因素

相较于传统商品市场，碳市场的形成和起步晚，相关制度建设尚不完善。市场认知尚不充分，因此在碳资产管理的过程中会面临更多的风险和不确定性，碳市场交易价格受到多种因素的影响，造成价格波动，产生市场风险，积极对这些方面予以关注，有助于在第一时间了解碳市场动向，并在此基础上制订符合企业自身发展的碳管理战略和碳交易策略。综合来看，碳价影响因素主要包括以下几种。

1）政策因素

碳市场建立在政策基础之上，并高度依赖政策和制度的约束，政策对碳价的走向有着决定性作用。由配额分配规则、履约规则及项目和减排量审批规则等引发的风险是碳市场特有的政策风险，上述风险具有明显的全局性特征，对碳市场的影响迅速而直接。

自我国碳排放权交易开展以来，国家主管部门与试点省市在推进碳市场的过程中

边学边做，配额分配规则、履约规则及项目和减排量审批规则等政策均进行过若干调整。碳资产管理业务在实施过程中要跟踪政策进展，分析政策风险，并针对可能的政策调整做好相应的预案。

（1）配额政策和履约政策。

碳排放权配额总量设定和分配方式是影响配额初始价格的直接因素。免费分配方式下配额的初始价格为零。拍卖分配方式下竞拍产生的价格即为配额的初始价格。配额政策宽松会降低企业的需求，从而使碳价下跌。此外，碳信用存储和借贷政策及配额有效期的变化，也会直接影响碳价。

履约政策同样是影响市场走向的重要因素。政府是否制定了清晰严格的履约条款并且按照条款严惩违规企业，都会影响配额供需状况及市场信心。

（2）自愿减排政策。

作为碳市场的补充，自愿减排量的供给同样会影响市场供需，进而影响碳价。因此，国家需要严格控制减排量用于碳市场的数量，对于减排项目的标准及减排量用于抵销的规则都要有明确要求。相关政策及其变化将影响减排量碳市场和配额碳市场的价格。

（3）信息透明度。

和原油、农产品等大宗商品市场相比，碳市场处于初步发展阶段，而且其中心化特征明显，排放量、减排项目供给、配额供需、履约执行等核心信息掌握在主管部门手中，一般的市场参与者难以获得。因此，主管部门对碳市场相关信息的披露程度也将影响各方的投资决策。市场信息越开放，交易越活跃。

（4）其他控排政策。

除了碳市场，国家控排目标、碳排放标准、碳税等控排相关政策，直接决定了减排的规模和程度，会对碳价产生影响。例如，国家如果提出更严格的气候目标，必将对碳市场施加更大的减排压力，减少配额供给，导致碳价上升；国家在其他非碳市场纳入行业实施碳标准，或者实施碳税，都有可能影响市场参与者对碳市场的信心；国家通过上下游关系向碳市场传导，会间接影响碳价。

2）市场因素

影响碳市场供需进而影响价格的因素多种多样，除了以上提到的政策因素，宏观经济环境、能源价格变化、碳减排技术的发展、市场情绪和国际碳价格等因素的变动，也会导致碳价的波动。

（1）宏观经济状况。

经济增长或衰退会影响工业产出，进而影响碳排放量。在经济增长时期，当经济形势良好时，人民信心高涨，消费积极，社会资源利用充分，工业、交通、电力等碳密集行业生产需求提升，碳排放需求上升，从而导致碳排放量的增加，减排需求量增加，可

能导致碳价上涨；相反，在经济衰退期间，碳排放需求下降，碳价可能下跌。

（2）能源价格。

能源价格主要包括石油价格、煤炭价格、天然气价格、电力价格等。碳价对能源价格比较敏感，两者相互作用、相互影响。其中碳价与煤炭等化石能源价格呈负相关关系，与清洁能源价格呈正相关关系。化石能源价格越高，企业使用清洁能源的动机越强，碳排放减少，导致碳价走低。反之，清洁能源价格上升会降低企业使用清洁能源的动机，碳排放量上升，将推高碳价。

（3）碳减排技术。

当碳减排技术不断提高时，企业减排成本将降低，促进企业采取更先进的技术实现减排，从而减少对配额的需求，导致碳价下跌。按照技术水平不断提高的趋势假设，如果政府没有随着技术水平调整碳市场总量，在其他因素保持稳定的情况下，碳价将有一个持续下降的趋势。

（4）市场情绪。

投资者对未来碳价的预期，以及对减排技术的投资和创新，都会影响当前的碳价。市场参与者的行为，如投机和套利活动，也会影响碳价的短期波动。

（5）国际碳价格。

国际碳市场的价格，尤其是在大型碳交易体系如欧盟碳交易体系（EU ETS）中的价格，会对其他国家或地区的碳价产生影响，特别是在全球化的市场中。

3）气候因素

气候因素影响分为正常的自然气候（气候变化）影响及国际应对气候变化大环境（气候谈判）的影响。在我国当前以强度为控制目标，每年制定新的分配方法的情况下，气候因素对市场影响有限。但在欧盟等实施绝对总量下降，而且制定长期分配方案的情况下，气候因素的变化往往会导致碳价的变化。这也是我国碳市场未来发展的方向。

（1）气候变化。

极端天气事件，如热浪或寒潮，会增加能源需求，尤其是供暖和制冷需求，从而增加碳排放量，推高碳价。短期气温异常会增加空调或采暖设备的使用，增加碳排放量，企业需要购买更多的配额履约，从而推动碳价上涨。长期而言，气候变化效应不断增强，会强化政府的控排力度，并使碳价维持在高位。

（2）气候谈判。

碳市场本身就是国际社会为应对气候变化达成的减排协议下的政策产物。气候谈判一方面会使得各国提出新的气候目标，影响碳市场总量，进而影响价格；另一方面也有可能在《巴黎协定》下产生新的国际减排交易机制，产生新的交易需求，带来新的投资机会，也间接影响现有碳市场的供需情况和价格。

2. 制定自身交易策略时应考虑的因素

面对各种不确定性,企业需要在市场跟踪预测的基础上制定自身交易策略。在进行碳排放权交易的过程中降低履约成本,在条件允许的情况下获得额外的收益。目前,碳排放权交易的产品较为简单,只有配额与 CCER 的现货交易,因此采取的策略一般是对买入和卖出的时间点位及每次交易的数量进行合理的安排,另外还应考虑合适的交易方式和风险管理。

1)对时间节点的考虑

碳排放权交易与一般的大宗商品类似,价格处于不断的波动中。但是由于碳市场是政策驱动的公共商品市场,因此价格的驱动因素有所不同。包括碳市场配额初始分配设计、能源价格、经济形势、天气、投机热钱等,其中最直观的是履约节点的影响。例如,在 7 个碳排放权交易试点中,履约节点均设置在每年 6 月左右,大多数企业都集中在履约前开始做配额买入的决定,短时间内推高了碳价,如果在此时加入买方,则会以较高的价格买入,提高履约成本。因此,推荐的做法是提前做好计划,尽量避开企业集中购入的时间点位。

碳排放权交易市场机制有很强的时间节点属性,到了履约节点,必须提交足够的碳排放权。因此,企业需要提前做好计划,做好预算申请,防止由于企业审批流程上的耽搁造成资金到位延迟,或者市面上可供交易配额短缺,引起履约成本过高或不必要的违约。

2)对交易数量的考虑

与一般商品的交易类似,碳排放权的交易也需要引入一些对冲风险的做法,其中一种是分批交易策略,以降低市场风险。当选择好买入的时间点位后,理想的做法是将需要购入或卖出的碳排放权平均分成若干份,间隔一定的时间进行交易,可将碳价增高/下降的风险分摊到每次交易中,使交易成本/收益变得平滑。

交易的数量可以根据每年履约的需求决定,一年一计划,也可以在碳价的低点买入超过当年需求量的数量。由于碳排放权可储存流转到下一个履约期使用,因此在看涨的市场中,提前购买可以降低成本,但是同时也会占用一定的资金。

3)对场内交易和场外交易的考虑

在选择交易方式时,须考虑交易成本和碳价两个因素。场内交易直观,价格明确,便于操作,但是由于每一单的数量有限,不一定能够满足交易需求,此时需要反复进行点选交易,从而提高了交易成本,也可能会推高碳价。当交易的数量需求较大时,通过场外交易更加方便,但是需要寻求潜在的供应商,并针对交易的数量和价格进行协商。通常场外交易可完成比市场价格低的交易,同时也需要投入更多的精力进行供应商匹配与商业谈判。

4）风险管理

风险管理是碳排放权交易策略中的关键组成部分，它涉及识别、评估、监控和应对与碳资产相关的各种风险。以下是具体的风险管理步骤和内容。

（1）风险识别。

市场风险：包括碳价波动、市场流动性不足、交易对手信用风险等。

政策风险：政策变动可能影响碳排放权的供应、需求、合规要求和市场规则。

操作风险：内部流程、人员、系统或外部事件的失败可能导致的损失。

法律风险：法律法规的变化可能影响碳排放权的合法性和交易合同的执行力。

声誉风险：不当的碳资产管理可能损害企业的公众形象和品牌价值。

物理风险：如设施故障、自然灾害等可能导致碳排放量意外增加。

（2）风险评估。

定量评估：使用统计模型和财务分析工具来量化风险的可能性和潜在影响。

定性评估：通过专家意见、历史数据和案例研究，来评估风险的严重性和发生的可能性。

风险排序：根据风险评估的结果，对识别出的风险进行排序，确定优先管理的关键风险。

（3）风险应对策略。

风险规避：通过改变策略或行为来避免风险，例如减少高碳排项目的投资。

风险减少：采取措施降低风险的发生概率或影响，如提高能效、购买保险等。

风险转移：通过合同或保险将风险转移给第三方，如碳信用违约保险。

风险接受：对于影响较小的风险，可以选择接受，但要设定风险承受的界限。

（4）风险监控。

建立监控体系：设立监控指标和阈值，定期跟踪风险状况。

报告机制：确保风险管理信息及时、准确地传达给决策者。

预警系统：在风险达到预设阈值时发出警报，以便及时采取应对措施。

（5）风险管理策略的调整。

定期审查：定期审查风险管理策略的有效性，根据市场变化和企业情况进行调整。

应急计划：制定应对突发事件的预案，确保在风险事件发生时能够迅速响应。

持续改进：基于风险管理的实践经验和反馈，不断优化风险管理流程和策略。

企业在制定交易策略时，通过上述风险管理步骤，可以更有效地控制碳排放权交易中的不确定性，保护企业免受重大损失，并确保碳交易策略的稳健实施。

4.1.5 实训步骤

（1）根据以上实训指导内容并查找相关资料，分析归纳影响碳价的各种因素，画出

碳排放权交易分析框架的思维导图。要求思维导图标明各价格影响因素最新数据和资讯的获取途径/链接。

（2）根据以上实训指导内容并查找相关资料，掌握常见的交易策略方法，如网格交易法、凯利公式的应用等，画出制定碳排放权交易策略的思维导图。

4.1.6　思考题

（1）有哪些影响碳价的因素？它们对碳价有怎样的影响？

（2）一套碳排放权交易策略应包括哪些内容？

实训 4.2 熟悉碳交易中的套期保值操作

4.2.1 实训目标

（1）掌握各种套期保值工具的定义；

（2）理解各种套期保值工具的应用。

4.2.2 实训内容

列表总结各种套期保值工具。

4.2.3 实训工具、仪表和器材

（1）硬件：联网计算机 1 台；

（2）软件：办公软件。

4.2.4 实训指导

碳交易市场是基于碳定价机制的金融市场，旨在通过市场手段促进温室气体减排。在这样的市场中，碳配额或信用作为一种商品被交易，企业可以通过购买额外的配额来补偿超出其配额的排放，或者出售未使用的配额以获得收益。这种机制为减排提供了经济激励，同时也带来了价格波动的风险。因此，套期保值成为了碳交易市场参与者管理风险的一种有效策略。

套期保值交易是指在某一时间点，在现货市场和期货市场对同一种类的商品同时进行数量相等但方向相反的买卖活动。当价格变动使现货买卖出现盈亏时，可由期货交易的盈亏得到抵销或弥补。在现货与期货、近期与远期之间建立一种对冲机制，以使价格风险降到最低。碳资产具有天然的标准化属性，需求量大，交易周期长，十分适合作为套期保值的标的物开展交易。针对碳资产进行套期保值交易，可以实现盈亏相抵，从而转移碳资产现货交易的风险。

在碳交易中，套期保值通常涉及以下两个方面：

现货市场：企业实际购买或出售碳排放权的市场。

期货市场：企业通过期货合约锁定未来某个时间点买卖碳排放权的价格。

套期保值这种风险管理策略，其核心在于通过在衍生品市场建立与现货市场相反

的头寸来对冲风险。在碳交易市场中，套期保值的目标是锁定未来碳价格，以保护企业免受价格波动的影响。这对于那些面临未来碳配额需求的企业尤为重要，例如电力公司或制造业企业，它们希望锁定成本，以确保业务的财务稳定性和可预测性。

1. 套期保值的目的

在碳交易市场中，企业进行套期保值的目的如下：

① 价格风险规避：锁定碳排放权的购买或销售价格，避免因市场价格波动带来的损失。

② 预算稳定：通过对冲操作，企业可以更准确地预测和规划未来的成本和收益。

③ 合规保障：确保企业在规定时间内以合理的价格获得足够的碳排放权，以满足合规要求。

2. 套期保值的金融工具

碳交易市场中用于套期保值的金融工具有：

① 碳期货：标准化合约，规定在未来某个时间以约定价格买卖一定数量的碳配额。

② 碳远期交易：允许交易双方在当前时刻约定将来某一特定日期以事先确定的价格买卖一定数量的碳配额或碳信用。碳远期合同是一种非标准化的私人协议，通常在场外市场（OTC）进行交易，而不是在交易所公开交易。

③ 碳期权：赋予买方权利而非义务，在未来某个时间内以约定价格买入或卖出碳配额。

④ 碳掉期：双方同意在未来交换现金流的协议，其中一方支付固定价格，另一方支付浮动价格，以对冲价格风险。

3. 常见的套期保值操作

1）期货合约

① 买入套期保值：如果企业预计未来需要购买碳排放权，可以在期货市场上买入合约，以锁定购买价格。

② 卖出套期保值：如果企业预计未来将有多余的碳排放权，可以在期货市场上卖出合约，以锁定销售价格。

2）期权合约

① 买入看涨期权：企业预期碳价上涨时，可以购买看涨期权，以保障未来以固定价格购买碳排放权的权利。

② 买入看跌期权：企业预期碳价下跌时，可以购买看跌期权，以保障未来以固定价格出售碳排放权的权利。

4．套期保值的步骤

① 风险识别：确定企业未来可能面临的碳配额需求或供应的风险敞口。

② 市场分析：研究碳价格的历史走势和市场预测，确定最合适的套期保值时机。

③ 确定对冲比例：根据风险评估结果，确定需要对冲的碳排放权数量。企业可以选择全额对冲或部分对冲。

④ 选择工具：根据风险敞口的性质和企业的财务状况，选择合适的碳期货、期权或掉期合约。

⑤ 执行交易：在选定的市场中执行套期保值交易，建立对冲头寸。

⑥ 监控和调整：持续监控碳市场动态和套期保值效果，必要时调整策略以适应市场变化。

5．套期保值的风险

尽管套期保值可以降低价格风险，但操作本身也存在一定的风险：

① 基差风险：现货价格与期货价格之间的差异可能导致套期保值不完全有效。

② 流动性风险：市场流动性不足可能导致无法在理想价格执行对冲操作。

③ 操作风险：套期保值策略的执行不当可能带来损失。

6．碳套期保值交易主要作用

① 有助于价格发现，比较真实地反映出供求情况，揭示市场对未来价格的预期，解决市场信息不对称问题，引导碳现货价格。

② 有助于提高碳市场交易活跃度，增强市场流动性，平抑价格波动。

③ 有助于风险管理，为市场主体提供对冲价格风险的工具，有效规避交易风险，便于企业更好地管理碳资产风险敞口。

④ 有助于完善资产配置，满足不同风险偏好投资者的需求。

7．套期保值的局限性与挑战

虽然套期保值可以有效地管理价格风险，但它也有其局限性和挑战。完全锁定价格可能会使企业错失市场向有利方向变动的机会，即所谓的基差风险。此外，套期保值操作需要对市场有深入的了解和专业的知识，否则可能会适得其反。市场参与者还需要关注套期保值成本，包括交易费用、保证金要求和机会成本。

8．案例分析

为了更好地理解套期保值在碳交易市场中的应用，我们可以分析一个具体的案例。假设一家大型电力公司预计未来 6 个月需要 100 000 t 碳排放权，当前现货价格为每吨 30 元。公司担心未来碳价上涨，决定进行套期保值。

风险评估：公司分析认为，碳价上涨将增加运营成本，影响利润。

市场分析：公司研究人员对碳价格的历史走势和市场进行了深入分析，确定当下为最合适的套期保值时机。

确定对冲比例：公司决定对全部100 000 t碳排放权进行全额对冲。

选择工具：公司选择六个月后到期的碳排放权期货合约作为对冲工具。

执行交易：公司在期货市场上买入100 000 t碳排放权的期货合约，锁定价格为每吨30元。

监控和调整：在接下来的六个月内，公司持续监控市场变化。如果市场出现重大变动，公司可能需要调整对冲策略。

通过上述套期保值操作，该公司可以通过买入碳期货合约来锁定未来购买碳配额的成本。如果市场碳现货价格在未来上涨，由于该公司已经通过期货合约锁定了较低的价格，因此可以避免成本上升的风险。反之，如果现货价格下跌，虽然期货合约的价格高于市场价，但该公司仍然获得了价格稳定性的保障。

综上，在碳交易市场中，套期保值是企业管理和减轻价格波动风险的重要工具。通过适当的市场分析、工具选择和策略执行，企业可以有效地锁定成本或收入，从而保护其财务稳定性和业务连续性。然而，套期保值也需要谨慎操作，以避免潜在的基差风险和市场复杂性带来的挑战。

4.2.5 实训步骤

根据以上实训指导内容并查找相关资料，完成表4-2-1中所示各种套期保值工具对比及应用案例分析。

表4-2-1 各套期保值工具对比及应用案例分析

套期保值工具	定义	查找相关案例	案例参与方	套期保值下各方可能达到的收益或效果	套期保值操作流程图
碳期货					
碳远期交易					
碳期权					
碳掉期					

4.2.6 思考题

（1）进行套期保值操作有哪些成本？

（2）使用套期保值工具有哪些风险？

实训 4.3　熟悉碳金融工具的使用

4.3.1　实训目标

（1）掌握各种碳金融工具的定义；

（2）理解各种碳金融工具的应用。

4.3.2　实训内容

列表总结各种碳金融工具。

4.3.3　实训工具、仪表和器材

（1）硬件：联网计算机 1 台；

（2）软件：办公软件。

4.3.4　实训指导

落实碳达峰、碳中和的资金需求体量巨大，且前期垫资投入成本较高，需要积极推进多层次碳金融产品体系的建设。碳金融市场的发展经历了从无到有的过程。最初，市场参与者主要通过场外交易市场进行交易，随着试点和全国碳市场的建立，依托于碳排放权交易现货市场的碳金融市场不断完善。随着市场规模的扩大和标准化程度的提高，一些交易所开始提供碳金融衍生品的交易服务。这些产品因其流动性高、透明度好、交易成本低等特点，受到了市场的青睐。围绕碳排放权交易、碳减排项目减排量交易及各种金融衍生品交易，国内各大商业银行与地方试点碳排放权交易所、纳入重点排放单位等市场参与主体开展了一系列的碳金融创新活动。

碳金融工具是指为促进碳减排而设计的金融产品和服务。它们旨在为碳减排项目提供资金，同时帮助企业和投资者管理碳风险和利用碳市场机会。以下是一些主要的碳金融工具。

1. 碳质押贷款

碳质押贷款是指企业将自身持有的碳资产（如碳配额或 CCER）作为抵押物，向金融机构申请贷款的一种融资方式。

（1）操作流程。

申请阶段：企业向金融机构提交碳排放配额或 CCER 作为质押物的申请。

评估阶段：金融机构对质押物进行价值评估，确定贷款额度。

质押阶段：企业和金融机构签订质押合同，将碳排放配额或 CCER 转移至金融机构指定的账户。

放款阶段：金融机构根据评估结果和质押合同向企业放款。

还款阶段：企业在约定期限内偿还贷款本金及利息，金融机构解除质押。

（2）风险管理与控制。

质押物价值波动风险：通过设置质押率、追加保证金等方式进行管理。

政策变动风险：密切关注政策变化，适时调整贷款策略。

违约风险：通过信用评估、合同约束等手段进行控制。

（3）优势：为企业提供了额外的融资渠道；利用碳资产的价值，无需额外担保；融资成本较低，操作灵活。

2. CCER 质押融资

CCER 质押融资是指企业将持有的 CCER 作为质押物，向金融机构申请融资。

（1）操作流程。

项目审查：金融机构对 CCER 项目的合规性、减排效果等进行审查。

价值评估：金融机构对 CCER 进行市场价值评估，确定融资额度。

质押合同：签订质押合同，明确双方权利义务。

资金发放：金融机构根据评估结果发放资金。

项目监管：对 CCER 项目实施情况进行监管，确保减排效果。

（2）注意事项：CCER 的市场价值和流动性是关键因素；企业需关注政策变动对 CCER 价值的影响。

3. 碳回购融资

碳回购融资是指企业将碳资产卖给金融机构，约定在未来以特定价格回购的一种融资方式。

（1）操作流程：企业出售碳资产给金融机构→约定回购价格和期限→企业在约定时间内回购碳资产。

（2）碳回购融资的操作模式。

固定回购模式：约定固定的价格和时间进行回购。

浮动回购模式：回购价格与市场指数或其他变量挂钩。

（3）风险与收益分析。

价格波动风险：浮动回购模式下碳排放配额价格波动可能影响回购成本。

信用风险：交易对手的信用状况影响回购协议的执行。

（4）优势：为企业提供了短期资金周转的灵活性；金融机构可以获得稳定的投资回报。

4. 碳债券

碳债券是指企业为筹集低碳项目资金而发行的债券，其还款来源与碳减排项目收益相关。

（1）碳债券主要类型：抵押型碳债券、收益分享型碳债券、绿色债券（部分与碳减排相关）。

（2）碳债券的发行与交易。

发行准备：发行主体进行项目筛选、资金需求评估、信用评级等准备工作。

债券设计：确定债券的规模、期限、利率、还款计划等要素。

发行审批：向相关监管机构提交发行申请，获得批准。

市场推广：通过路演等方式向潜在投资者推介碳债券。

交易流通：碳债券在交易所或场外市场进行交易。

（3）碳债券的风险。

信用风险：评估发行主体的信用状况和偿债能力。

市场风险：分析市场利率变动、碳市场政策变化等因素对债券价格的影响。

项目风险：关注碳减排项目的实施进展和减排效果。

（4）优势：为投资者提供固定收益的投资机会；促进低碳经济的发展。

5. 碳托管

碳托管是指企业将碳资产委托给专业机构进行管理和运作，以获取收益或降低碳风险。目前碳托管服务提供者主要包括：银行、券商、专业碳资产管理公司等。

（1）服务内容：碳资产买卖；碳资产投资咨询；碳市场分析，交易策略制定等。

（2）优势：专业化管理提高碳资产的投资回报；降低企业碳市场操作风险。

6. 碳保险

碳保险是指为碳资产所有者提供风险保障的保险产品，涵盖价格波动、政策变动、碳减排项目减排效果等风险。

（1）类型：减排效果保险、碳资产价格波动保险、政策变动保险、违约保险。

（2）优势：分散企业碳减排项目的风险；提高金融机构对碳项目的信心。

7. 碳基金

碳基金是一种专门投资于碳减排项目或碳资产的投资基金，旨在通过投资获得环境和财务回报，实现环境效益和经济效益的双重目标。

（1）投资领域：清洁能源、能源效率提升、碳捕获与储存。

（2）基金类型：私募基金、公募基金、政府引导基金等。

（3）运作模式：直接投资、间接投资、混合投资等。

（4）投资策略：基于市场分析和风险评估的投资选择。

（5）风险管理：多元化投资、风险对冲、持续监控等。

（6）优势：为碳减排项目提供资金支持；为投资者提供多元化的投资组合。

8. 碳理财

碳理财是指金融机构提供的与碳排放权相关的金融产品，包括碳存款、碳债券、碳基金等，以及相关的咨询服务。

（1）产品种类：固定收益型、浮动收益型、结构型等碳资产投资理财产品；碳资产配置咨询服务。

（2）碳理财产品的设计原则：符合碳市场发展趋势、满足投资者需求。

（3）碳理财产品的风险控制：产品合规性、市场风险评估、信用风险管理等。

（4）优势：帮助个人和企业实现碳资产的增值；提高公众对碳市场的认识和参与度。

9. 碳信托

碳信托是一种以碳减排为目标的信托产品，通过信托财产的管理实现碳资产的增值。信托公司代表投资者持有和管理碳资产。

（1）操作流程：确定信托目的和碳减排目标→筹集信托资金→投资于碳资产相关项目。

（2）功能：资产增值、风险分散、专业管理。

（3）应用：碳资产的长期投资、碳市场的资金募集等。

（4）优势：为投资者提供参与碳市场的渠道；促进碳减排项目的实施。

10. 案例分析

以下是一个简化的碳金融工具应用案例。

企业 B 计划实施一个风电项目，预计总投资 1 亿元，预计每年可产生 100 万吨 CCER。

企业 B 需要融资 5000 万元用于项目建设。下面是企业 B 运用碳金融工具进行融资和增值收益的具体操作。

（1）碳质押贷款：企业 B 将预计产生的 50 万吨 CCER 作为质押，向银行申请了 3000 万元贷款。

（2）碳债券：企业 B 发行了价值 2000 万元的碳债券，用于剩余的资金缺口。

（3）碳托管：企业 B 将剩余的 50 万吨 CCER 委托给专业机构进行管理和运作，以获取额外收益。

通过以上碳金融工具的应用，企业 B 成功筹集了项目所需资金，并为其碳资产实现了增值。

11. 给投资者和企业适应碳金融市场发展的建议

作为投资者和企业，为了适应不断发展的碳金融市场，应加强以下几方面工作：

（1）教育与研究。

深入学习：投资者应深入学习碳市场、碳金融工具和相关法律法规，理解碳信用的生成、交易和价值驱动因素。

市场分析：持续关注碳价波动、政策变化和市场需求，分析碳市场趋势，预测碳信用价格走势。

（2）多元化投资组合。

通过投资于不同的碳金融产品，如碳债券、碳基金、碳衍生品等，分散单一碳信用或市场波动带来的风险。

（3）创新产品利用。

碳金融衍生品：利用碳期货、期权等衍生工具进行套期保值，锁定未来碳信用的价格，管理价格波动风险。

绿色金融产品：参与绿色债券、绿色基金等，支持低碳项目，同时获得潜在的高回报。

碳质押融资：利用持有的碳信用作为抵押品，获取低成本的融资，用于节能减排项目或日常运营。

碳回购协议：通过碳回购协议获得短期融资，同时保留碳信用未来的使用权或升值空间。

（4）合规与风险管理。

政策遵从：密切关注碳排放法规和市场规则，确保投资活动符合法律法规要求。

风险管理：建立风险评估和管理机制，定期审查投资组合，应对市场波动和政策风险。

（5）重视社会责任投资。

ESG 标准：将环境、社会和治理（ESG）因素纳入投资决策，支持可持续和负责任的投资项目。

由于国内碳市场本身的政策局限及起步时间较晚，我国的碳金融市场仍处于发展的初级阶段，对碳金融创新产品的开发上市仍处在探索期，各大银行开展的有关碳金融产品与服务的同质化程度较高，数量相对有限，相关案例仅作为"首单"业务创新，没有形成市场化的常态资产开发机制，尤其是对碳排放权交易二级市场涉及非常少，有待进一步发展完善。随着全球对气候变化问题的关注加深，碳金融工具将呈现多样化、市场化、国际化的发展趋势。随着碳市场规则的不断完善，碳资产相关金融产品将日渐丰富且更有实际意义，参与机构应主动学习了解，积极使用相应的碳金融工具来提高收益和对冲市场风险。

总的来说，碳金融工具在推动低碳经济转型、促进碳市场流动性、降低减排项目融资成本以及管理碳资产风险方面发挥着重要作用。通过创新的碳金融产品，企业和投资者能够更有效地参与碳市场，同时为应对气候变化提供必要的资金支持。

然而，碳金融工具的使用也伴随着挑战，包括市场波动性、信用风险、政策不确定性等。因此，企业和投资者在参与碳金融市场时，需要充分了解相关风险，并采取适当的风险管理措施。合理利用碳金融工具需要企业和投资者具备专业知识、市场洞察力和风险管理能力。通过多元化投资、碳资产管理、风险对冲和积极参与碳市场，可以有效地利用碳金融工具，促进企业可持续发展，同时为投资者带来潜在的经济回报。在实践中，持续学习和适应市场变化是成功的关键。同时也建议政府继续加强政策引导，完善市场机制，提高碳金融工具的透明度和流动性，促进碳金融市场的健康发展。

4.3.5 实训步骤

根据以上实训指导内容并查找相关资料，完成表 4-3-1 中所示各种碳金融工具对比及应用案例分析。

表 4-3-1 各碳金融工具对比及应用案例分析

碳金融工具	定义	查找相关案例	案例参与方	参与各方可能达到的收益或效果	参与各方关系及权益职责示意图
碳质押贷款					
CCER 质押融资					
碳回购融资					
碳债券					
碳托管					
碳保险					
碳基金					
碳理财					
碳信托					

4.3.6 思考题

（1）促进碳金融工具的使用具有什么作用？

（2）如何活跃市场，促进碳金融工具的使用？

项目 5　绿色金融

（1）掌握常见的绿色金融产品的定义并理解其应用；

（2）掌握 EOD 项目各种投/融资模式的定义并理解其应用。

（1）列表总结常见的绿色金融产品；

（2）列表总结 EOD 项目各种投/融资模式。

实训 5.1　熟悉常见的绿色金融产品

5.1.1　实训目标

（1）掌握常见的绿色金融产品的定义；

（2）理解常见的绿色金融产品的应用。

5.1.2　实训内容

列表总结常见的绿色金融产品。

5.1.3　实训工具、仪表和器材

（1）硬件：联网计算机 1 台；

（2）软件：办公软件。

5.1.4　实训指导

1. 绿色金融概述

绿色金融的概念源于对可持续发展和环境保护日益增长的需求。20 世纪 70 年代末至 80 年代初，随着全球环境问题的凸显，特别是气候变化、生物多样性的丧失和资源的过度开发，当时西方发达国家在面对工业化带来的环境问题时，开始意识到传统的经济发展模式不可持续，开始探索将环境保护纳入经济活动中的新思路。国际社会逐渐认识到，金融体系在促进经济增长的同时，也应承担起推动环境可持续性的责任。

1987 年，联合国世界环境与发展委员会发布的《我们共同的未来》报告，首次提出"可持续发展"概念，为绿色金融的发展奠定了理论基础。1991 年，绿色金融这一概念首次被提出，并在随后的几十年里逐步发展成为一门独立的学科。随后，1992 年的里约地球峰会进一步推动了全球对环境与发展的关注，各国政府和金融机构开始探索如何将环境保护纳入金融决策中。

进入 21 世纪，尤其是 2008 年全球金融危机之后，绿色金融作为促进经济复苏和绿色转型的工具，受到更多国家和金融机构的重视。2015 年，《巴黎协定》的签署，标志着全球对气候变化问题达成共识，加速了绿色金融的发展。

在全球范围内，多国政府和国际组织制定了相应的政策和法规以促进绿色金融的发展，如欧盟的《欧洲绿色协议》。2016 年 8 月 31 日，中国人民银行等七部委发布了《关于构建绿色金融体系的指导意见》，该政策法规的发布，标志着中国正式进入系统性绿色金融体系建设阶段。此后，一系列政策和法规相继出台，推动了绿色金融市场的快速发展。例如，国家层面发布的一系列指导意见和标准，如《绿色信贷指引》《绿色债券支持项目目录》《绿色产业指导目录（2023 年版）》和《绿色低碳转型产业指导目录（2024 年版）》，进一步明确了绿色金融项目的分类和认定标准。深圳市发布的《深圳经济特区绿色金融条例》，是我国首个地方性绿色金融法规，于 2021 年 3 月 1 日正式实施。这些政策法规不仅规范了绿色金融产品的标准，还鼓励金融机构提供更多绿色金融产品和服务，同时也为投资者提供了识别和投资绿色项目的指导。相关案例如：

① 中国绿色信贷：中国银保监会和中国人民银行推动的绿色信贷政策，显著增加了对绿色项目的资金支持。

② 欧洲绿色债券：欧洲投资银行发行的绿色债券，为欧洲的绿色项目筹集资金。

③ 美国可再生能源项目融资：通过私募股权、绿色债券和绿色信贷等多种方式，为美国的风能和太阳能项目提供融资。

④ 日本绿色基金：日本政府设立的绿色基金，支持环保科技和绿色基础设施建设。

⑤ 南非绿色保险：为农业和工业项目提供针对气候变化风险的保险产品。

概括起来，绿色金融的发展历程大体经过以下几个阶段：

① 起步阶段（1990 年代末至 2000 年代初）：这一阶段，绿色金融主要关注环保产业融资，如污水处理、垃圾焚烧等领域。

② 发展阶段（2000 年代初至 2010 年代初）：绿色金融开始拓展至可再生能源、节能减排等领域，各国政府和国际组织纷纷出台相关政策，推动绿色金融发展。

③ 成熟阶段（2010 年代至今）：绿色金融在全球范围内得到广泛认同，各国政府、金融机构和企业积极参与绿色金融实践，绿色金融产品和服务不断创新。

今天，绿色金融被定义为支持环境改善、应对气候变化和资源节约高效利用的经济活动，即对环保、节能、清洁能源、绿色交通、绿色建筑等领域的项目投/融资、项目运营、风险管理等所提供的金融服务。

绿色金融旨在引导资本流向低碳、环保项目，减少环境污染和生态破坏，促进经济的可持续发展。绿色金融的主要目的是通过金融市场机制，调动和优化资源配置，支持绿色经济和产业的发展，促进环境质量的改善，同时降低金融体系自身的环境风险。

绿色金融的目标是帮助人们适应气候变化，促进可持续的经济发展，减轻贫富差距，促进经济增长与环境保护的统一。绿色金融推动经济发展走向低碳、循环、可持续的方向，以适应气候变化带来的新挑战，实现人与自然和谐共生的目标。

与传统金融相比，绿色金融最突出的特点就是，它更强调人类社会的生存环境利益，它将对环境保护和对资源的有效利用程度作为计量其活动成效的标准之一，通过自身活动引导各经济主体注重自然生态平衡。它讲求金融活动与环境保护、生态平衡

的协调发展，最终实现经济社会的可持续发展。绿色金融对于推动全球经济向低碳、环保方向转型具有重要意义。它有助于减少温室气体排放，保护自然生态系统，提升能源效率，促进清洁能源和绿色技术的创新与应用。同时，绿色金融还能创造新的就业机会，促进经济增长方式的转变，增强金融系统的长期稳定性和抵御环境风险的能力。

绿色金融与传统金融中的政策性金融有共同点，即它的实施需要由政府政策做推动。传统金融业在现行政策和"经济人"思想引导下，或者以经济效益为目标，或者以完成政策任务为职责，后者就是政策推动型金融。环境资源是公共品，除非有政策规定，金融机构不可能主动考虑贷款方的生产或服务是否具有生态效率。

2. 绿色金融产品

近几年来，"绿色金融"概念越来越受到国内众多金融机构，特别是银行的追捧，成为社会各界普遍关注的焦点，社会上出现了各种绿色金融产品。绿色金融产品是指以环境友好和可持续发展为目标的金融产品，旨在支持和促进绿色经济、低碳发展和环境保护。在我国，绿色金融被广泛应用于可再生能源项目（如风能、太阳能）、能效改进、污染控制、绿色建筑、清洁交通等领域。常见的绿色金融产品主要有：绿色贷款、绿色债券、绿色保险、绿色基金和投资、绿色租赁和融资租赁、绿色期货和绿色期权。下面进行详细介绍。

1）绿色贷款

（1）定义：绿色贷款是指金融机构向符合条件的绿色产业、绿色项目或绿色企业提供的一种贷款服务，用于支持环境改善、资源节约和气候变化的适应性项目。

（2）特点：

① 专门针对绿色项目，如可再生能源、能效提升、污染治理等。

② 通常有优惠的贷款利率或较长的还款期限。

③ 要求借款方提供项目的绿色认证或环境影响评估报告。

（3）应用案例：某银行向一家太阳能企业提供绿色贷款，用于建设一个新的太阳能发电站。

2）绿色债券

（1）定义：绿色债券是指发行人为了筹集资金用于绿色项目而发行的债券，其资金用途须符合绿色金融的标准。

（2）特点：

① 明确的资金用途，必须用于绿色项目。

② 通常有较高的透明度，要求发行人定期披露资金使用情况和项目环境影响。

③ 对投资者具有一定的吸引力，尤其是关注可持续发展的投资者。

（3）应用案例：某市政府发行绿色债券，筹集资金用于城市公共交通系统的电动化改造。

3）绿色保险

（1）定义：绿色保险是指为环境风险提供保险保障的产品，旨在通过金融手段转移和管理环境污染等风险。

（2）特点：

① 包括环境责任保险、生态保险等，为企业和个人提供环境事故风险保障。

② 有助于促进企业提高环境风险管理水平。

③ 可以作为环境风险管理的一种经济激励手段。

（3）应用案例：某化工企业购买环境责任保险，以覆盖可能发生的污染事故清理费用和第三方赔偿责任。

4）绿色基金和投资

（1）定义：绿色基金是指专门投资于绿色产业和项目的基金，旨在通过投资促进绿色经济发展。

（2）特点：

① 投资领域包括清洁能源、节能技术、环保产业等。

② 可以是股权投资、债权投资或混合型投资。

③ 通常具有较高的投资回报潜力，同时承担一定的社会责任。

（3）应用案例：某绿色基金投资于一家生物燃料生产企业，帮助企业扩大生产规模，提高市场竞争力。

5）绿色租赁和融资租赁

（1）定义：绿色租赁是指租赁公司为绿色项目提供设备租赁服务，而融资租赁则是指租赁公司购买设备并将其租给企业使用。

（2）特点：

① 适用于大型绿色设备，如风力发电机组、太阳能光伏板等。

② 可以帮助企业降低初始投资成本，提高资金使用效率。

③ 租赁期通常与设备的使用寿命或项目周期相匹配。

（3）应用案例：某风力发电企业通过融资租赁方式获得风力发电机组，以减少一次性投资压力。

6）绿色期货

（1）定义：绿色期货是指以绿色商品（如碳排放权、清洁能源等）为标的物的期货合约。

（2）特点：

① 旨在为绿色商品提供价格发现和风险管理工具。

② 可以帮助企业和投资者对冲价格波动风险。

③ 促进绿色商品市场的稳定发展。

（3）应用案例：某能源企业通过交易碳排放权期货合约，管理其碳排放成本。

7）绿色期权

（1）定义：绿色期权是一种赋予期权持有者在未来某个时间点以特定价格购买或出售绿色商品的权利，但不是义务。

（2）特点：

① 为期权持有者提供价格保护，可以选择有利的市场条件进行交易。

② 可以用于风险管理，锁定未来的购买或销售价格。

③ 适用于碳排放权、可再生能源证书等绿色商品的交易。

（3）应用案例：某企业购买碳排放权看涨期权，以锁定未来碳排放权的购买价格，避免价格上涨风险。

3. 绿色金融案例

1）案例1：某银行绿色信贷项目

（1）项目背景：某钢铁企业是一家传统的高能耗、高污染企业。面对日益严格的环保政策和市场竞争压力，企业决定进行节能减排改造，以提高生产效率和降低成本。然而，改造项目资金需求量大，企业自有资金难以满足。

（2）项目内容：该银行针对企业的需求，为企业提供了专项绿色信贷服务。信贷资金主要用于以下几个方面：

① 购买先进的节能型冶炼设备，替换老旧高耗能设备。

② 改造生产线，提高能源利用效率。

③ 建设废气和废水处理设施，减少污染物排放。

（3）项目成效：经过一年的改造，企业成功实现了以下目标：

① 生产能耗降低了20%，每年节约电费和燃料费用数百万元。

② 污染物排放量减少了30%，大大减轻了对周边环境的影响。

③ 生产效率提高了15%，企业竞争力得到增强。

④ 银行通过对项目的绿色信贷支持，提升了自身的绿色金融品牌形象，同时也吸引了更多企业成为长期的贷款客户。

2）案例2：某企业发行绿色债券

（1）项目背景：某新能源公司专注于风力发电领域，计划在北方某地区建设一座大型风力发电站。项目预计总投资20亿元，但由于新能源项目投资回收期较长，企业面临资金筹集难题。

（2）项目内容：企业通过发行绿色债券的方式筹集资金，债券发行规模为10亿元，期限为10年，利率较同期限普通债券低0.5个百分点。债券募集资金专项用于风力发电站的建设和运营。

（3）项目成效：绿色债券成功发行后，企业顺利完成了风力发电站的建设，并取得了以下成果：

① 每年可为电网提供10亿kW·h的清洁电力，减少二氧化碳排放约80万吨。

② 企业通过风力发电站的运营，获得了稳定的收入来源，提高了市场竞争力。

③ 投资者通过购买绿色债券，不仅获得了稳定的投资回报，还参与了可持续发展的社会责任投资。

3）案例3：某保险公司推出绿色保险产品

（1）项目背景：某化工企业拥有一套先进的环保处理设施，但由于化工生产过程中存在一定的风险，企业担心环保设施可能因意外事故导致环境污染。

（2）项目内容：保险公司针对企业的担忧，推出了绿色保险产品，为企业环保设施提供风险保障。保险责任包括环保设施因意外事故导致的损坏、污染清理费用以及可能的第三方赔偿责任。

（3）项目成效：企业购买了绿色保险后，取得了以下成效：

① 环保设施在保险期间运行稳定，未发生环境污染事故。

② 企业因购买保险而降低了环保设施运行的风险成本，提高了整体风险管理水平。

③ 保险公司通过提供绿色保险产品，拓展了业务范围，同时也为环境保护贡献了力量。

4）案例4：某绿色基金投资新能源汽车产业

（1）项目背景：随着新能源汽车市场的快速发展，相关产业链上的企业迎来了发展机遇。然而，许多新能源汽车零部件供应商因资金问题无法扩大生产规模，限制了整个产业的发展。

（2）项目内容：某绿色基金专注于投资新能源和环保领域，该基金对几家具有发展潜力的新能源汽车零部件供应商进行了股权投资。投资资金主要用于企业技术研发、生产线扩建和市场开拓。

（3）项目成效：经过绿色基金的投资，相关企业取得了以下成果：

① 技术研发能力得到提升，新产品研发周期缩短。

② 生产线扩建后，企业产能提高，市场份额扩大。

③ 企业通过绿色基金的投资，增强了与上下游企业的合作，提升了整个产业链的竞争力。

5）案例5：某地政府与私营企业合作建设污水处理厂

（1）项目背景：某城市因工业发展和人口增长，水资源污染问题日益严重。政府计划建设一座大型污水处理厂，但由于财政资金有限，项目迟迟未能启动。

（2）项目内容：政府采用 PPP 模式，与一家具有丰富环保工程经验的私营企业合作，共同投资建设污水处理厂。政府负责提供土地和政策支持，私营企业负责项目的融资、建设和运营。

（3）项目成效：污水处理厂建成投运后，取得了以下成效：

① 城市污水处理能力大幅提升，每日处理污水能力达到 10 万吨。

② 城市水环境得到明显改善，周边居民生活质量提高。

③ 私营企业通过项目运营获得稳定收益，同时也积累了环保项目运营经验。

④ 政府通过 PPP 模式，有效解决了公共基础设施建设的资金问题，提高了公共服务效率。

5.1.5 实训步骤

根据以上实训指导内容并查找相关资料，完成以下表 5-1-1 所示常见绿色金融产品对比及应用案例分析。

表 5-1-1 常见绿色金融产品对比及应用案例分析

常见绿色金融产品	定义	主要应用领域	查找相关应用案例	案例中各参与方可能达到的收益或效果	各参与方关系及权益职责示意图
绿色贷款					
绿色债券					
绿色保险					
绿色基金和投资					
绿色租赁和融资租赁					
绿色期货					
绿色期权					

5.1.6 思考题

（1）如何让金融机构主动考虑资金使用方的生产或服务是否具有生态效率？

（2）如果绿色项目的收益率过低造成融资困难，可以采取什么解决办法？

实训 5.2　熟悉 EOD 项目投融资模式

5.2.1　实训目标

（1）掌握 EOD 项目各种投/融资模式的定义；

（2）理解 EOD 项目各种投/融资模式的应用。

5.2.2　实训内容

列表总结 EOD 项目各种投/融资模式。

5.2.3　实训工具、仪表和器材

（1）硬件：联网计算机 1 台；

（2）软件：办公软件。

5.2.4　实训指导

1. 生态环境导向开发模式概述

生态环境导向开发模式（Eco-environment-oriented Development，简称 EOD 模式），是以生态保护和环境治理为基础，以特色产业运营为支撑，以区域综合开发为载体，采取产业链延伸、联合经营、组合开发等方式，推动公益性较强、收益性差的生态环境治理项目与收益较好的关联产业有效融合，统筹推进，一体化实施，将生态环境治理带来的经济价值内部化，是一种创新性的项目组织实施方式。

自 20 世纪 90 年代起，一些发达国家和地区开始探索生态导向的城市发展模式，如荷兰的阿姆斯特丹绿心计划、新加坡的花园城市理念等，这些实践为 EOD 模式的形成积累了宝贵经验。进入 21 世纪，随着全球对可持续发展理念的认同加深，EOD 模式逐渐成为全球城市和区域规划的重要趋势之一。

在中国，EOD 模式的推广始于 2010 年左右，特别是在生态文明建设上升为国家战略后，各地政府开始积极探索 EOD 模式在生态修复、绿色城镇化和乡村振兴中的应用。近年来，随着相关政策的不断完善和实践经验的积累，EOD 模式的应用范围和影响力不断扩大。

EOD 模式的兴起是对传统城市开发模式的一种反思和革新。传统开发往往注重短期经济效益而忽视生态环境的保护与修复，导致城市化进程中出现了诸多环境问题。

EOD 模式则强调以生态保护和修复为基础,将生态环境优势转化为经济社会发展优势,实现生态效益、经济效益和社会效益的统一。

2. 实施 EOD 模式的重要意义

(1)EOD 模式是实现发展和保护融合共生的重要方式。通过项目组织实施方式创新,以生态环境治理提升产业开发价值,以产业收益反哺生态环境治理,实现发展和保护融合共生。

(2)EOD 模式是生态产品价值实现的有效路径。通过改善生态环境质量,提升发展品质,推动生态优势转化为产业优势,实现产业增值溢价,拓展生态产品价值实现方式。

(3)EOD 模式是加强生态环保投/融资的关键举措。推动生态环境治理由公益性项目转变为具有开发价值的经营性项目,为社会资本和金融机构参与生态环境治理创造条件,实现多元参与生态环境治理。

3. EOD 模式的政策支持

中国国务院及相关部委出台了一系列政策文件,支持 EOD 项目的实施和投/融资模式的创新。例如,2017 年财政部、国家发改委等六部门联合发布的《关于推进绿色发展财政政策的指导意见》,以及生态环境部等多部门发布的《关于推进生态环境导向的开发模式的指导意见》等,为 EOD 项目提供了政策依据和操作指南。《生态环境导向的开发(EOD)项目实施导则(试行)》则明确了 EOD 项目的定义、核心主体、资金来源及收益分配等方面的规定。此外,国家开发银行等金融机构也出台了相应的政策,支持 EOD 项目的融资工作。

4. EOD 项目投融资模式

目前 EOD 项目投/融资模式可以采取政府专项债券、政府投资基金等政府主导模式,也可以选取 PPP 模式、ABO 模式、投资人+EPC、特许经营+EPC 等政企合作模式加速投放,必要时可通过政策性银行融资解决,为项目实施提供有力保障。具体模式选择由项目特征、社会资本方谈判结果来定。下面对几种常见的 EOD 项目投融资模式进行介绍。

1)政府专项债券

定义:地方政府为特定项目发行的债券,其中 EOD 专项债券主要用于支持生态修复和绿色基础设施建设。

目的:筹集资金,支持 EOD 项目,减轻财政压力。

意义:拓宽融资渠道,提高资金使用效率,促进生态建设与经济发展的良性循环。

2)政府投资基金

定义:政府设立或参与的基金,用于投资 EOD 项目,吸引社会资本参与。

目的：通过政府资金引导，撬动更多社会资本投入生态建设和绿色发展。

意义：构建多元化投/融资体系，增强 EOD 项目的吸引力和可持续性。

3）PPP 模式（Public-Private Partnership）

定义：政府与私营部门合作，共同承担 EOD 项目的设计、融资、建设、运营和维护。

目的：整合公私双方的优势资源，分担风险，提高项目执行效率。

意义：促进公共部门与私营部门的合作，实现资源优化配置，推动高质量发展。

4）ABO 模式（Authorization-Build-Operate）

定义：授权私营部门进行 EOD 项目的建设、运营和管理，政府负责监管和绩效考核。

目的：引入市场竞争机制，提高项目运营效率和服务质量。

意义：促进项目的专业化管理和市场化运作，提升公共服务水平。

5）投资人+EPC 模式（Engineering, Procurement, Construction）

定义：投资人与工程总承包商合作，由 EPC 承包商负责项目的设计、采购和施工，投资人负责项目前期投资和后期收益回收。

目的：整合投资和建设环节，缩短项目周期，降低风险。

意义：优化资源配置，加快 EOD 项目落地速度，提高投资回报率。

6）特许经营+EPC 模式

定义：政府授予私营部门特许经营权，由其负责 EOD 项目的投资、建设、运营和维护，特许期满后移交给政府。

目的：吸引长期资本，确保项目稳定运营。

意义：建立长期合作关系，保证 EOD 项目的连续性和稳定性，促进生态资产的可持续利用。

5. EOD 项目投融资案例

下面介绍几个典型的 EOD 项目投/融资案例。

1）上海崇明岛生态修复项目——PPP 模式

（1）背景。

上海崇明岛是中国第三大岛屿，位于长江口，拥有丰富的自然资源和生态价值。然而，随着工业化和城市化进程的加快，崇明岛面临着生态退化的问题，包括土壤盐碱化、湿地萎缩、生物多样性下降等。为了恢复和提升崇明岛的生态环境，上海市政府启动了崇明岛生态修复项目。

（2）模式。

该项目采用了 PPP 模式，即政府与私营部门合作的方式，共同承担项目的设计、融资、建设、运营和维护。政府负责项目规划、政策支持和监管，而私营部门则主要负责资金投入和技术支持。

（3）案例详情。

合作方：上海市政府与多家国内外知名环保企业及投资机构合作，形成了一个强大的项目实施团队。

项目内容：包括生态湿地恢复、森林绿化、水资源管理、生态农业推广等多个方面。

融资结构：通过政府出资、银行贷款、绿色债券发行等方式筹集资金，其中私营部门的资金占比较高，体现了 PPP 模式下公私合作的特征。

成效：经过几年的努力，崇明岛的生态环境得到了显著改善，生物多样性增加，吸引了大量游客，促进了当地旅游业的发展，实现了生态效益与经济效益的双重提升。

2）雄安新区绿色城市建设——政府投资基金与政府专项债券

（1）背景。

雄安新区位于河北省，是中国政府于 2017 年设立的新区，旨在打造一个绿色、智能、创新的未来城市典范。新区规划面积超过 2000 平方公里，涉及生态环境保护、智慧城市、高端产业等多个领域。

（2）模式。

政府投资基金与政府专项债券被用来作为雄安新区绿色城市建设的主要融资手段。政府投资基金用于引导和吸引社会资本参与新区的绿色基础设施建设，而政府专项债券则直接用于支持具体项目。

（3）案例详情。

政府投资基金：设立了雄安新区绿色基础设施基金，规模达到数百亿元人民币，重点投向绿色交通、清洁能源、生态修复等领域。

政府专项债券：发行了雄安新区绿色专项债券，用于支持新区内的绿色建筑、生态公园、绿色交通网络等项目的建设。

成效：雄安新区的绿色城市建设取得了显著进展，绿色建筑覆盖率高，公共交通系统完善，生态环境质量优良，正逐步成为全球绿色城市的新标杆。

3）浙江丽水市乡村生态振兴——ABO 模式

（1）背景。

浙江省丽水市是一个自然风光秀丽、文化底蕴深厚的地方，但长期以来，农村地区面临产业结构单一、生态环境脆弱等问题。为了解决这些问题，丽水市启动了乡村生态振兴计划。

（2）模式。

项目采用 ABO 模式，即授权私营部门进行乡村生态修复和乡村旅游设施的建设和运营，政府负责监管和绩效考核。

（3）案例详情。

合作主体：政府与多家旅游开发公司签订了合作协议，授权其在指定区域内进行生态修复和旅游设施建设。

项目内容：包括河流治理、古村落修复、民宿改造、生态农业体验园建设等。

成效：通过生态修复和旅游开发的有机结合，丽水市的乡村面貌焕然一新，吸引了大量游客，带动了当地农民增收，实现了生态效益、经济效益和社会效益的共赢。

4）江苏南通沿江生态带建设——投资人+EPC 模式

（1）背景。

江苏省南通市地处长江入海口，拥有独特的滨江风光和丰富的水生资源。为了提升沿江生态环境，南通市实施了沿江生态带建设项目。

（2）模式。

该项目采用了投资人+EPC 模式，即投资人负责项目前期投资，而工程总承包商负责设计、采购和施工，确保项目高效完成。

（3）案例详情。

投资人：多家大型投资公司参与，提供了项目建设所需的资金。

工程总承包商：选择了有丰富经验的工程公司，负责整个项目的实施，确保工程质量。

项目内容：包括滨江公园建设、生态廊道修复、水体净化工程等。

成效：南通沿江生态带成为了市民休闲娱乐的好去处，也吸引了外来游客，促进了地方经济的多元化发展。

5）广东佛山顺德区水乡文化生态旅游区——特许经营+EPC 模式

（1）背景。

佛山市顺德区有着悠久的历史文化和独特的水乡风貌，但由于城市化的影响，原有的水乡特色逐渐淡化。为了保护和传承水乡文化，顺德区启动了水乡文化生态旅游区建设项目。

（2）模式。

采用特许经营+EPC 模式，即政府授予私营部门特许经营权，由其负责旅游区的建设、运营和维护，工程总承包商负责具体施工。

（3）案例详情。

特许经营权：政府与一家旅游开发集团签订了长期特许经营协议，允许其在指定区域内进行水乡文化生态旅游区的建设和运营。

工程总承包商：由一家专业工程公司担任，负责按照设计要求完成所有建设任务。

项目内容：包括古建筑修复、水系整治、民俗展示、旅游配套设施建设等。

成效：顺德水乡文化生态旅游区不仅恢复了水乡的自然美景和文化魅力，还通过旅游带动了当地经济的繁荣，成为了一个成功的文旅融合项目。

6. 推动项目融资落地的关键环节

总结全国 EOD 项目融资经验，推动项目融资落地的关键环节主要是：

1）重视 EOD 项目投资决策评估程序

EOD 项目从设计、招标到具体实施是一项复杂的系统工程，因此，要注重投资决策评估工作，这项工作中又包含了从勘察设计、产业导入到投/融资咨询、方案上会等多个环节。为此，应聘请专业第三方机构牵头负责，整合各方提供的有效信息，通过前期项目策划与整体财务匡算结合，评估该项目是否具备财务可行性；同时结合相关政策文件及金融机构投贷领域优化项目建设内容和经营模式，最终为政府决策提供依据。该项投资可行性研究工作成熟与否，决定了 EOD 项目申报、立项的合理性，更是项目融资落地的根基。

2）注重 EOD 项目投/融资模式合规性

从 EOD 立项方式来看，可以分为政府类项目可研审批或者企业类（市场化）项目申请报告备案（或核准）。政府类项目要严格遵守《政府投资条例》规定，以财政预算安排为前提，可通过债券发行或 PPP 中长期预算安排等方式筹集资金；市场化项目则更注重选择适当主体，合理筹措项目资本金并完成融资。

（1）采用 PPP 模式的融资要求。

EOD 项目支持采用 PPP 模式筹措资金，实施机构通过合法选择的社会资本与政府方出资代表组建项目公司，项目公司负责项目的具体实施和对接融资工作，金融机构一方面关注项目前期立项手续的程序合规性，特别是从预算安排到项目招标的合法程序；另一方面需要看到 EOD 项目完成财政部 PPP 综合信息平台项目管理库入库，并在项目管理库公示项目可行性缺口补贴列入政府中长期预算安排，以及通过绩效考核方式由财政安排支付的文件依据。EOD 项目采用 PPP 模式运作的融资要求，除上文提到的生态反哺特征外，还应符合一般 PPP 项目融资的相关要求。

（2）采用市场化方式的融资要求。

采用企业立项的程序相对简单，通过项目主体申请报告备案，或特殊行业完成核准等方式完成立项。市场化项目可采用的投/融资模式较为多元，可以采用符合《特许经营管理办法》要求的特许经营模式，引入特许经营投资者立项、实施；也可以合法确定平台公司作为实施主体，通过引入社会资本股权合作，实现资本金筹集及各方股东担保。金融机构对于企业投资类项目的关注点，一方面关注参与主体能力和项目包装特征；另一方面则坚决杜绝项目可形成隐性债务风险这一风险因素。

按照规定，地市级及以上政府作为申报主体和实施主体的 EOD 项目，原则上投资总额不高于 50 亿元；区县级政府作为申报和实施主体的项目，原则上投资总额不高于 30 亿元。由此可见，各地政府运作生态治理和环境整治类项目时，满足 EOD 项目融资条件、把握融资关键环节，将成为项目落地的有效保障。

EOD 项目投融资模式的多样化和创新性,是推动生态文明建设和绿色发展的关键。通过政府与市场的有效结合,可以最大限度地调动各方积极性,实现生态优先、绿色发展和高质量发展的目标。在实际操作中,应根据不同项目的特点和需求,灵活选择和组合投融资模式,确保 EOD 项目的顺利实施和可持续发展。

5.2.5 实训步骤

根据以上实训指导内容并查找相关资料,完成表 5-2-1 中所示 EOD 项目各种投融资模式对比及应用案例分析。

表 5-2-1 EOD 项目各种投融资模式对比及应用案例分析

EOD 项目 各种投融资模式	定义	查找相关 案例	案例 参与方	各方可能达到的 收益或效果	各方关系及权益 职责示意图
政府债券					
政府投资基金					
PPP 模式					
ABO 模式					
投资人+EPC					
特许经营+EPC					

5.2.6 思考题

(1)EOD 项目的收益可能来自哪些方面?

(2)EOD 项目可能存在什么风险?

附录1 碳排放权交易管理办法（试行）

（2020年12月31日生态环境部令第19号公布 自2021年2月1日起施行）

第一章 总 则

第一条 为落实党中央、国务院关于建设全国碳排放权交易市场的决策部署，在应对气候变化和促进绿色低碳发展中充分发挥市场机制作用，推动温室气体减排，规范全国碳排放权交易及相关活动，根据国家有关温室气体排放控制的要求，制定本办法。

第二条 本办法适用于全国碳排放权交易及相关活动，包括碳排放配额分配和清缴，碳排放权登记、交易、结算，温室气体排放报告与核查等活动，以及对前述活动的监督管理。

第三条 全国碳排放权交易及相关活动应当坚持市场导向、循序渐进、公平公开和诚实守信的原则。

第四条 生态环境部按照国家有关规定建设全国碳排放权交易市场。

全国碳排放权交易市场覆盖的温室气体种类和行业范围，由生态环境部拟定，按程序报批后实施，并向社会公开。

第五条 生态环境部按照国家有关规定，组织建立全国碳排放权注册登记机构和全国碳排放权交易机构，组织建设全国碳排放权注册登记系统和全国碳排放权交易系统。

全国碳排放权注册登记机构通过全国碳排放权注册登记系统，记录碳排放配额的持有、变更、清缴、注销等信息，并提供结算服务。全国碳排放权注册登记系统记录的信息是判断碳排放配额归属的最终依据。

全国碳排放权交易机构负责组织开展全国碳排放权集中统一交易。

全国碳排放权注册登记机构和全国碳排放权交易机构应当定期向生态环境部报告全国碳排放权登记、交易、结算等活动和机构运行有关情况，以及应当报告的其他重大事项，并保证全国碳排放权注册登记系统和全国碳排放权交易系统安全稳定可靠运行。

第六条 生态环境部负责制定全国碳排放权交易及相关活动的技术规范，加强对地方碳排放配额分配、温室气体排放报告与核查的监督管理，并会同国务院其他有关部门对全国碳排放权交易及相关活动进行监督管理和指导。

省级生态环境主管部门负责在本行政区域内组织开展碳排放配额分配和清缴、温室气体排放报告的核查等相关活动，并进行监督管理。

设区的市级生态环境主管部门负责配合省级生态环境主管部门落实相关具体工作，并根据本办法有关规定实施监督管理。

第七条 全国碳排放权注册登记机构和全国碳排放权交易机构及其工作人员，应当遵守全国碳排放权交易及相关活动的技术规范，并遵守国家其他有关主管部门关于交易监管的规定。

第二章 温室气体重点排放单位

第八条 温室气体排放单位符合下列条件的,应当列入温室气体重点排放单位(以下简称重点排放单位)名录:

(一)属于全国碳排放权交易市场覆盖行业;

(二)年度温室气体排放量达到2.6万吨二氧化碳当量。

第九条 省级生态环境主管部门应当按照生态环境部的有关规定,确定本行政区域重点排放单位名录,向生态环境部报告,并向社会公开。

第十条 重点排放单位应当控制温室气体排放,报告碳排放数据,清缴碳排放配额,公开交易及相关活动信息,并接受生态环境主管部门的监督管理。

第十一条 存在下列情形之一的,确定名录的省级生态环境主管部门应当将相关温室气体排放单位从重点排放单位名录中移除:

(一)连续两年温室气体排放未达到2.6万吨二氧化碳当量的;

(二)因停业、关闭或者其他原因不再从事生产经营活动,因而不再排放温室气体的。

第十二条 温室气体排放单位申请纳入重点排放单位名录的,确定名录的省级生态环境主管部门应当进行核实;经核实符合本办法第八条规定条件的,应当将其纳入重点排放单位名录。

第十三条 纳入全国碳排放权交易市场的重点排放单位,不再参与地方碳排放权交易试点市场。

第三章 分配与登记

第十四条 生态环境部根据国家温室气体排放控制要求，综合考虑经济增长、产业结构调整、能源结构优化、大气污染物排放协同控制等因素，制定碳排放配额总量确定与分配方案。

省级生态环境主管部门应当根据生态环境部制定的碳排放配额总量确定与分配方案，向本行政区域内的重点排放单位分配规定年度的碳排放配额。

第十五条 碳排放配额分配以免费分配为主，可以根据国家有关要求适时引入有偿分配。

第十六条 省级生态环境主管部门确定碳排放配额后，应当书面通知重点排放单位。

重点排放单位对分配的碳排放配额有异议的，可以自接到通知之日起七个工作日内，向分配配额的省级生态环境主管部门申请复核；省级生态环境主管部门应当自接到复核申请之日起十个工作日内，作出复核决定。

第十七条 重点排放单位应当在全国碳排放权注册登记系统开立账户，进行相关业务操作。

第十八条 重点排放单位发生合并、分立等情形需要变更单位名称、碳排放配额等事项的，应当报经所在地省级生态环境主管部门审核后，向全国碳排放权注册登记机构申请变更登记。全国碳排放权注册登记机构应当通过全国碳排放权注册登记系统进行变更登记，并向社会公开。

第十九条 国家鼓励重点排放单位、机构和个人，出于减少温室气体排放等公益目的自愿注销其所持有的碳排放配额。

自愿注销的碳排放配额，在国家碳排放配额总量中予以等量核减，不再进行分配、登记或者交易。相关注销情况应当向社会公开。

第四章 排放交易

第二十条 全国碳排放权交易市场的交易产品为碳排放配额，生态环境部可以根据国家有关规定适时增加其他交易产品。

第二十一条 重点排放单位以及符合国家有关交易规则的机构和个人，是全国碳排放权交易市场的交易主体。

第二十二条 碳排放权交易应当通过全国碳排放权交易系统进行，可以采取协议转让、单向竞价或者其他符合规定的方式。

全国碳排放权交易机构应当按照生态环境部有关规定，采取有效措施，发挥全国碳排放权交易市场引导温室气体减排的作用，防止过度投机的交易行为，维护市场健康发展。

第二十三条 全国碳排放权注册登记机构应当根据全国碳排放权交易机构提供的成交结果，通过全国碳排放权注册登记系统为交易主体及时更新相关信息。

第二十四条 全国碳排放权注册登记机构和全国碳排放权交易机构应当按照国家有关规定，实现数据及时、准确、安全交换。

第五章　排放核查与配额清缴

第二十五条 重点排放单位应当根据生态环境部制定的温室气体排放核算与报告技术规范，编制该单位上一年度的温室气体排放报告，载明排放量，并于每年 3 月 31 日前报生产经营场所所在地的省级生态环境主管部门。排放报告所涉数据的原始记录和管理台账应当至少保存五年。

重点排放单位对温室气体排放报告的真实性、完整性、准确性负责。

重点排放单位编制的年度温室气体排放报告应当定期公开，接受社会监督，涉及国家秘密和商业秘密的除外。

第二十六条 省级生态环境主管部门应当组织开展对重点排放单位温室气体排放报告的核查，并将核查结果告知重点排放单位。核查结果应当作为重点排放单位碳排放配额清缴依据。

省级生态环境主管部门可以通过政府购买服务的方式委托技术服务机构提供核查服务。技术服务机构应当对提交的核查结果的真实性、完整性和准确性负责。

第二十七条 重点排放单位对核查结果有异议的，可以自被告知核查结果之日起七个工作日内，向组织核查的省级生态环境主管部门申请复核；省级生态环境主管部门应当自接到复核申请之日起十个工作日内，作出复核决定。

第二十八条 重点排放单位应当在生态环境部规定的时限内，向分配配额的省级生态环境主管部门清缴上年度的碳排放配额。清缴量应当大于等于省级生态环境主管部门核查结果确认的该单位上年度温室气体实际排放量。

第二十九条 重点排放单位每年可以使用国家核证自愿减排量抵销碳排放配额的清缴，抵销比例不得超过应清缴碳排放配额的 5%。相关规定由生态环境部另行制定。

用于抵销的国家核证自愿减排量，不得来自纳入全国碳排放权交易市场配额管理的减排项目。

第六章　监督管理

第三十条 上级生态环境主管部门应当加强对下级生态环境主管部门的重点排放单位名录确定、全国碳排放权交易及相关活动情况的监督检查和指导。

第三十一条　设区的市级以上地方生态环境主管部门根据对重点排放单位温室气体排放报告的核查结果，确定监督检查重点和频次。

设区的市级以上地方生态环境主管部门应当采取"双随机、一公开"的方式，监督检查重点排放单位温室气体排放和碳排放配额清缴情况，相关情况按程序报生态环境部。

第三十二条　生态环境部和省级生态环境主管部门，应当按照职责分工，定期公开重点排放单位年度碳排放配额清缴情况等信息。

第三十三条　全国碳排放权注册登记机构和全国碳排放权交易机构应当遵守国家交易监管等相关规定，建立风险管理机制和信息披露制度，制定风险管理预案，及时公布碳排放权登记、交易、结算等信息。

全国碳排放权注册登记机构和全国碳排放权交易机构的工作人员不得利用职务便利谋取不正当利益，不得泄露商业秘密。

第三十四条　交易主体违反本办法关于碳排放权注册登记、结算或者交易相关规定的，全国碳排放权注册登记机构和全国碳排放权交易机构可以按照国家有关规定，对其采取限制交易措施。

第三十五条　鼓励公众、新闻媒体等对重点排放单位和其他交易主体的碳排放权交易及相关活动进行监督。

重点排放单位和其他交易主体应当按照生态环境部有关规定，及时公开有关全国碳排放权交易及相关活动信息，自觉接受公众监督。

第三十六条　公民、法人和其他组织发现重点排放单位和其他交易主体有违反本办法规定行为的，有权向设区的市级以上地方生态环境主管部门举报。

接受举报的生态环境主管部门应当依法予以处理，并按照有关规定反馈处理结果，同时为举报人保密。

第七章　罚　则

第三十七条　生态环境部、省级生态环境主管部门、设区的市级生态环境主管部门的有关工作人员，在全国碳排放权交易及相关活动的监督管理中滥用职权、玩忽职守、徇私舞弊的，由其上级行政机关或者监察机关责令改正，并依法给予处分。

第三十八条　全国碳排放权注册登记机构和全国碳排放权交易机构及其工作人员违反本办法规定，有下列行为之一的，由生态环境部依法给予处分，并向社会公开处理结果：

（一）利用职务便利谋取不正当利益的；

（二）有其他滥用职权、玩忽职守、徇私舞弊行为的。

全国碳排放权注册登记机构和全国碳排放权交易机构及其工作人员违反本办法规定，泄露有关商业秘密或者有构成其他违反国家交易监管规定行为的，依照其他有关

规定处理。

第三十九条 重点排放单位虚报、瞒报温室气体排放报告，或者拒绝履行温室气体排放报告义务的，由其生产经营场所所在地设区的市级以上地方生态环境主管部门责令限期改正，处一万元以上三万元以下的罚款。逾期未改正的，由重点排放单位生产经营场所所在地的省级生态环境主管部门测算其温室气体实际排放量，并将该排放量作为碳排放配额清缴的依据；对虚报、瞒报部分，等量核减其下一年度碳排放配额。

第四十条 重点排放单位未按时足额清缴碳排放配额的，由其生产经营场所所在地设区的市级以上地方生态环境主管部门责令限期改正，处二万元以上三万元以下的罚款；逾期未改正的，对欠缴部分，由重点排放单位生产经营场所所在地的省级生态环境主管部门等量核减其下一年度碳排放配额。

第四十一条 违反本办法规定，涉嫌构成犯罪的，有关生态环境主管部门应当依法移送司法机关。

第八章 附 则

第四十二条 本办法中下列用语的含义：

（一）温室气体：是指大气中吸收和重新放出红外辐射的自然和人为的气态成分，包括二氧化碳（CO_2）、甲烷（CH_4）、氧化亚氮（N_2O）、氢氟碳化物（HFCs）、全氟化碳（PFCs）、六氟化硫（SF_6）和三氟化氮（NF_3）。

（二）碳排放：是指煤炭、石油、天然气等化石能源燃烧活动和工业生产过程以及土地利用变化与林业等活动产生的温室气体排放，也包括因使用外购的电力和热力等所导致的温室气体排放。

（三）碳排放权：是指分配给重点排放单位的规定时期内的碳排放额度。

（四）国家核证自愿减排量：是指对我国境内可再生能源、林业碳汇、甲烷利用等项目的温室气体减排效果进行量化核证，并在国家温室气体自愿减排交易注册登记系统中登记的温室气体减排量。

第四十三条 本办法自 2021 年 2 月 1 日起施行。

附录2 碳排放权交易管理暂行条例

第一条 为了规范碳排放权交易及相关活动，加强对温室气体排放的控制，积极稳妥推进碳达峰碳中和，促进经济社会绿色低碳发展，推进生态文明建设，制定本条例。

第二条 本条例适用于全国碳排放权交易市场的碳排放权交易及相关活动。

第三条 碳排放权交易及相关活动的管理，应当坚持中国共产党的领导，贯彻党和国家路线方针政策和决策部署，坚持温室气体排放控制与经济社会发展相适应，坚持政府引导与市场调节相结合，遵循公开、公平、公正的原则。

国家加强碳排放权交易领域的国际合作与交流。

第四条 国务院生态环境主管部门负责碳排放权交易及相关活动的监督管理工作。国务院有关部门按照职责分工，负责碳排放权交易及相关活动的有关监督管理工作。

地方人民政府生态环境主管部门负责本行政区域内碳排放权交易及相关活动的监督管理工作。地方人民政府有关部门按照职责分工，负责本行政区域内碳排放权交易及相关活动的有关监督管理工作。

第五条 全国碳排放权注册登记机构按照国家有关规定，负责碳排放权交易产品登记，提供交易结算等服务。全国碳排放权交易机构按照国家有关规定，负责组织开展碳排放权集中统一交易。登记和交易的收费应当合理，收费项目、收费标准和管理办法应当向社会公开。

全国碳排放权注册登记机构和全国碳排放权交易机构应当按照国家有关规定，完善相关业务规则，建立风险防控和信息披露制度。

国务院生态环境主管部门会同国务院市场监督管理部门、中国人民银行和国务院银行业监督管理机构，对全国碳排放权注册登记机构和全国碳排放权交易机构进行监督管理，并加强信息共享和执法协作配合。

碳排放权交易应当逐步纳入统一的公共资源交易平台体系。

第六条 碳排放权交易覆盖的温室气体种类和行业范围，由国务院生态环境主管部门会同国务院发展改革等有关部门根据国家温室气体排放控制目标研究提出，报国务院批准后实施。

碳排放权交易产品包括碳排放配额和经国务院批准的其他现货交易产品。

第七条 纳入全国碳排放权交易市场的温室气体重点排放单位（以下简称重点排放单位）以及符合国家有关规定的其他主体，可以参与碳排放权交易。

生态环境主管部门、其他对碳排放权交易及相关活动负有监督管理职责的部门（以下简称其他负有监督管理职责的部门）、全国碳排放权注册登记机构、全国碳排放权交易机构以及本条例规定的技术服务机构的工作人员，不得参与碳排放权交易。

第八条　国务院生态环境主管部门会同国务院有关部门，根据国家温室气体排放控制目标，制定重点排放单位的确定条件。省、自治区、直辖市人民政府（以下统称省级人民政府）生态环境主管部门会同同级有关部门，按照重点排放单位的确定条件制定本行政区域年度重点排放单位名录。

重点排放单位的确定条件和年度重点排放单位名录应当向社会公布。

第九条　国务院生态环境主管部门会同国务院有关部门，根据国家温室气体排放控制目标，综合考虑经济社会发展、产业结构调整、行业发展阶段、历史排放情况、市场调节需要等因素，制定年度碳排放配额总量和分配方案，并组织实施。碳排放配额实行免费分配，并根据国家有关要求逐步推行免费和有偿相结合的分配方式。

省级人民政府生态环境主管部门会同同级有关部门，根据年度碳排放配额总量和分配方案，向本行政区域内的重点排放单位发放碳排放配额，不得违反年度碳排放配额总量和分配方案发放或者调剂碳排放配额。

第十条　依照本条例第六条、第八条、第九条的规定研究提出碳排放权交易覆盖的温室气体种类和行业范围、制定重点排放单位的确定条件以及年度碳排放配额总量和分配方案，应当征求省级人民政府、有关行业协会、企业事业单位、专家和公众等方面的意见。

第十一条　重点排放单位应当采取有效措施控制温室气体排放，按照国家有关规定和国务院生态环境主管部门制定的技术规范，制定并严格执行温室气体排放数据质量控制方案，使用依法经计量检定合格或者校准的计量器具开展温室气体排放相关检验检测，如实准确统计核算本单位温室气体排放量，编制上一年度温室气体排放报告（以下简称年度排放报告），并按照规定将排放统计核算数据、年度排放报告报送其生产经营场所所在地省级人民政府生态环境主管部门。

重点排放单位应当对其排放统计核算数据、年度排放报告的真实性、完整性、准确性负责。

重点排放单位应当按照国家有关规定，向社会公开其年度排放报告中的排放量、排放设施、统计核算方法等信息。年度排放报告所涉数据的原始记录和管理台账应当至少保存5年。

重点排放单位可以委托依法设立的技术服务机构开展温室气体排放相关检验检测、编制年度排放报告。

第十二条　省级人民政府生态环境主管部门应当对重点排放单位报送的年度排放报告进行核查，确认其温室气体实际排放量。核查工作应当在规定的时限内完成，并自核查完成之日起7个工作日内向重点排放单位反馈核查结果。核查结果应当向社会公开。

省级人民政府生态环境主管部门可以通过政府购买服务等方式，委托依法设立的

技术服务机构对年度排放报告进行技术审核。重点排放单位应当配合技术服务机构开展技术审核工作，如实提供有关数据和资料。

第十三条　接受委托开展温室气体排放相关检验检测的技术服务机构，应当遵守国家有关技术规程和技术规范要求，对其出具的检验检测报告承担相应责任，不得出具不实或者虚假的检验检测报告。重点排放单位应当按照国家有关规定制作和送检样品，对样品的代表性、真实性负责。

接受委托编制年度排放报告、对年度排放报告进行技术审核的技术服务机构，应当按照国家有关规定，具备相应的设施设备、技术能力和技术人员，建立业务质量管理制度，独立、客观、公正开展相关业务，对其出具的年度排放报告和技术审核意见承担相应责任，不得篡改、伪造数据资料，不得使用虚假的数据资料或者实施其他弄虚作假行为。年度排放报告编制和技术审核的具体管理办法由国务院生态环境主管部门会同国务院有关部门制定。

技术服务机构在同一省、自治区、直辖市范围内不得同时从事年度排放报告编制业务和技术审核业务。

第十四条　重点排放单位应当根据省级人民政府生态环境主管部门对年度排放报告的核查结果，按照国务院生态环境主管部门规定的时限，足额清缴其碳排放配额。

重点排放单位可以通过全国碳排放权交易市场购买或者出售碳排放配额，其购买的碳排放配额可以用于清缴。

重点排放单位可以按照国家有关规定，购买经核证的温室气体减排量用于清缴其碳排放配额。

第十五条　碳排放权交易可以采取协议转让、单向竞价或者符合国家有关规定的其他现货交易方式。

禁止任何单位和个人通过欺诈、恶意串通、散布虚假信息等方式操纵全国碳排放权交易市场或者扰乱全国碳排放权交易市场秩序。

第十六条　国务院生态环境主管部门建立全国碳排放权交易市场管理平台，加强对碳排放配额分配、清缴以及重点排放单位温室气体排放情况等的全过程监督管理，并与国务院有关部门实现信息共享。

第十七条　生态环境主管部门和其他负有监督管理职责的部门，可以在各自职责范围内对重点排放单位等交易主体、技术服务机构进行现场检查。

生态环境主管部门和其他负有监督管理职责的部门进行现场检查，可以采取查阅、复制相关资料，查询、检查相关信息系统等措施，并可以要求有关单位和个人就相关事项作出说明。被检查者应当如实反映情况、提供资料，不得拒绝、阻碍。

进行现场检查，检查人员不得少于 2 人，并应当出示执法证件。检查人员对检查中知悉的国家秘密、商业秘密，依法负有保密义务。

第十八条　任何单位和个人对违反本条例规定的行为，有权向生态环境主管部门和其他负有监督管理职责的部门举报。接到举报的部门应当依法及时处理，按照国家有关规定向举报人反馈处理结果，并为举报人保密。

第十九条　生态环境主管部门或者其他负有监督管理职责的部门的工作人员在碳排放权交易及相关活动的监督管理工作中滥用职权、玩忽职守、徇私舞弊的，应当依法给予处分。

第二十条　生态环境主管部门、其他负有监督管理职责的部门、全国碳排放权注册登记机构、全国碳排放权交易机构以及本条例规定的技术服务机构的工作人员参与碳排放权交易的，由国务院生态环境主管部门责令依法处理持有的碳排放配额等交易产品，没收违法所得，可以并处所交易碳排放配额等产品的价款等值以下的罚款；属于国家工作人员的，还应当依法给予处分。

第二十一条　重点排放单位有下列情形之一的，由生态环境主管部门责令改正，处 5 万元以上 50 万元以下的罚款；拒不改正的，可以责令停产整治：

（一）未按照规定制定并执行温室气体排放数据质量控制方案；

（二）未按照规定报送排放统计核算数据、年度排放报告；

（三）未按照规定向社会公开年度排放报告中的排放量、排放设施、统计核算方法等信息；

（四）未按照规定保存年度排放报告所涉数据的原始记录和管理台账。

第二十二条　重点排放单位有下列情形之一的，由生态环境主管部门责令改正，没收违法所得，并处违法所得 5 倍以上 10 倍以下的罚款；没有违法所得或者违法所得不足 50 万元的，处 50 万元以上 200 万元以下的罚款；对其直接负责的主管人员和其他直接责任人员处 5 万元以上 20 万元以下的罚款；拒不改正的，按照 50% 以上 100% 以下的比例核减其下一年度碳排放配额，可以责令停产整治：

（一）未按照规定统计核算温室气体排放量；

（二）编制的年度排放报告存在重大缺陷或者遗漏，在年度排放报告编制过程中篡改、伪造数据资料，使用虚假的数据资料或者实施其他弄虚作假行为；

（三）未按照规定制作和送检样品。

第二十三条　技术服务机构出具不实或者虚假的检验检测报告的，由生态环境主管部门责令改正，没收违法所得，并处违法所得 5 倍以上 10 倍以下的罚款；没有违法所得或者违法所得不足 2 万元的，处 2 万元以上 10 万元以下的罚款；情节严重的，由负责资质认定的部门取消其检验检测资质。

技术服务机构出具的年度排放报告或者技术审核意见存在重大缺陷或者遗漏，在年度排放报告编制或者对年度排放报告进行技术审核过程中篡改、伪造数据资料，使用虚假的数据资料或者实施其他弄虚作假行为的，由生态环境主管部门责令改正，没收违法所得，并处违法所得 5 倍以上 10 倍以下的罚款；没有违法所得或者违法所得不足 20 万元的，处 20 万元以上 100 万元以下的罚款；情节严重的，禁止其从事年度排放报告编制和技术审核业务。

技术服务机构因本条第一款、第二款规定的违法行为受到处罚的,对其直接负责的主管人员和其他直接责任人员处 2 万元以上 20 万元以下的罚款,5 年内禁止从事温室气体排放相关检验检测、年度排放报告编制和技术审核业务;情节严重的,终身禁止从事前述业务。

第二十四条 重点排放单位未按照规定清缴其碳排放配额的,由生态环境主管部门责令改正,处未清缴的碳排放配额清缴时限前 1 个月市场交易平均成交价格 5 倍以上 10 倍以下的罚款;拒不改正的,按照未清缴的碳排放配额等量核减其下一年度碳排放配额,可以责令停产整治。

第二十五条 操纵全国碳排放权交易市场的,由国务院生态环境主管部门责令改正,没收违法所得,并处违法所得 1 倍以上 10 倍以下的罚款;没有违法所得或者违法所得不足 50 万元的,处 50 万元以上 500 万元以下的罚款。单位因前述违法行为受到处罚的,对其直接负责的主管人员和其他直接责任人员给予警告,并处 10 万元以上 100 万元以下的罚款。

扰乱全国碳排放权交易市场秩序的,由国务院生态环境主管部门责令改正,没收违法所得,并处违法所得 1 倍以上 10 倍以下的罚款;没有违法所得或者违法所得不足 10 万元的,处 10 万元以上 100 万元以下的罚款。单位因前述违法行为受到处罚的,对其直接负责的主管人员和其他直接责任人员给予警告,并处 5 万元以上 50 万元以下的罚款。

第二十六条 拒绝、阻碍生态环境主管部门或者其他负有监督管理职责的部门依法实施监督检查的,由生态环境主管部门或者其他负有监督管理职责的部门责令改正,处 2 万元以上 20 万元以下的罚款。

第二十七条 国务院生态环境主管部门会同国务院有关部门建立重点排放单位等交易主体、技术服务机构信用记录制度,将重点排放单位等交易主体、技术服务机构因违反本条例规定受到行政处罚等信息纳入国家有关信用信息系统,并依法向社会公布。

第二十八条 违反本条例规定,给他人造成损害的,依法承担民事责任;构成违反治安管理行为的,依法给予治安管理处罚;构成犯罪的,依法追究刑事责任。

第二十九条 对本条例施行前建立的地方碳排放权交易市场,应当参照本条例的规定健全完善有关管理制度,加强监督管理。

本条例施行后,不再新建地方碳排放权交易市场,重点排放单位不再参与相同温室气体种类和相同行业的地方碳排放权交易市场的碳排放权交易。

第三十条 本条例下列用语的含义:

(一)温室气体,是指大气中吸收和重新放出红外辐射的自然和人为的气态成分,包括二氧化碳、甲烷、氧化亚氮、氢氟碳化物、全氟碳化、六氟化硫和三氟化氮。

(二)碳排放配额,是指分配给重点排放单位规定时期内的二氧化碳等温室气体的

排放额度。1个单位碳排放配额相当于向大气排放1吨的二氧化碳当量。

（三）清缴，是指重点排放单位在规定的时限内，向生态环境主管部门缴纳等同于其经核查确认的上一年度温室气体实际排放量的碳排放配额的行为。

第三十一条 重点排放单位消费非化石能源电力的，按照国家有关规定对其碳排放配额和温室气体排放量予以相应调整。

第三十二条 国务院生态环境主管部门会同国务院民用航空等主管部门可以依照本条例规定的原则，根据实际需要，结合民用航空等行业温室气体排放控制的特点，对民用航空等行业的重点排放单位名录制定、碳排放配额发放与清缴、温室气体排放数据统计核算和年度排放报告报送与核查等制定具体管理办法。

第三十三条 本条例自2024年5月1日起施行。

附录 3 温室气体自愿减排交易管理办法（试行）

第一章 总 则

第一条 为了推动实现我国碳达峰碳中和目标，控制和减少人为活动产生的温室气体排放，鼓励温室气体自愿减排行为，规范全国温室气体自愿减排交易及相关活动，根据党中央、国务院关于建设全国温室气体自愿减排交易市场的决策部署以及相关法律法规，制定本办法。

第二条 全国温室气体自愿减排交易及相关活动的监督管理，适用本办法。

第三条 全国温室气体自愿减排交易及相关活动应当坚持市场导向，遵循公平、公正、公开、诚信和自愿的原则。

第四条 中华人民共和国境内依法成立的法人和其他组织，可以依照本办法开展温室气体自愿减排活动，申请温室气体自愿减排项目和减排量的登记。

符合国家有关规定的法人、其他组织和自然人，可以依照本办法参与温室气体自愿减排交易。

第五条 生态环境部按照国家有关规定建设全国温室气体自愿减排交易市场，负责制定全国温室气体自愿减排交易及相关活动的管理要求和技术规范，并对全国温室气体自愿减排交易及相关活动进行监督管理和指导。

省级生态环境主管部门负责对本行政区域内温室气体自愿减排交易及相关活动进行监督管理。

设区的市级生态环境主管部门配合省级生态环境主管部门对本行政区域内温室气体自愿减排交易及相关活动实施监督管理。

市场监管部门、生态环境主管部门根据职责分工，对从事温室气体自愿减排项目审定与减排量核查的机构（以下简称审定与核查机构）及其审定与核查活动进行监督管理。

第六条 生态环境部按照国家有关规定，组织建立统一的全国温室气体自愿减排注册登记机构（以下简称注册登记机构），组织建设全国温室气体自愿减排注册登记系统（以下简称注册登记系统）。

注册登记机构负责注册登记系统的运行和管理，通过该系统受理温室气体自愿减排项目和减排量的登记、注销申请，记录温室气体自愿减排项目相关信息和核证自愿减排量的登记、持有、变更、注销等信息。注册登记系统记录的信息是判断核证自愿减排量归属和状态的最终依据。

注册登记机构可以按照国家有关规定，制定温室气体自愿减排项目和减排量登记的具体业务规则，并报生态环境部备案。

第七条　生态环境部按照国家有关规定，组织建立统一的全国温室气体自愿减排交易机构（以下简称交易机构），组织建设全国温室气体自愿减排交易系统（以下简称交易系统）。

交易机构负责交易系统的运行和管理，提供核证自愿减排量的集中统一交易与结算服务。

交易机构应当按照国家有关规定采取有效措施，维护市场健康发展，防止过度投机，防范金融等方面的风险。

交易机构可以按照国家有关规定，制定核证自愿减排量交易的具体业务规则，并报生态环境部备案。

第八条　生态环境部负责组织制定并发布温室气体自愿减排项目方法学（以下简称项目方法学）等技术规范，作为相关领域自愿减排项目审定、实施与减排量核算、核查的依据。

项目方法学应当规定适用条件、减排量核算方法、监测方法、项目审定与减排量核查要求等内容，并明确可申请项目减排量登记的时间期限。

项目方法学应当根据经济社会发展、产业结构调整、行业发展阶段、应对气候变化政策等因素及时修订，条件成熟时纳入国家标准体系。

第二章　项目审定与登记

第九条　申请登记的温室气体自愿减排项目应当有利于降碳增汇，能够避免、减少温室气体排放，或者实现温室气体的清除。

第十条　申请登记的温室气体自愿减排项目应当具备下列条件：

（一）具备真实性、唯一性和额外性；

（二）属于生态环境部发布的项目方法学支持领域；

（三）于 2012 年 11 月 8 日之后开工建设；

（四）符合生态环境部规定的其他条件。

属于法律法规、国家政策规定有温室气体减排义务的项目，或者纳入全国和地方碳排放权交易市场配额管理的项目，不得申请温室气体自愿减排项目登记。

第十一条　申请温室气体自愿减排项目登记的法人或者其他组织（以下简称项目业主）应当按照项目方法学等相关技术规范要求编制项目设计文件，并委托审定与核查机构对项目进行审定。

项目设计文件所涉数据和信息的原始记录、管理台账应当在该项目最后一期减排量登记后至少保存十年。

第十二条　项目业主申请温室气体自愿减排项目登记前，应当通过注册登记系统

公示项目设计文件，并对公示材料的真实性、完整性和有效性负责。

项目业主公示项目设计文件时，应当同步公示其所委托的审定与核查机构的名称。

项目设计文件公示期为二十个工作日。公示期间，公众可以通过注册登记系统提出意见。

第十三条 审定与核查机构应当按照国家有关规定对申请登记的温室气体自愿减排项目的以下事项进行审定，并出具项目审定报告，上传至注册登记系统，同时向社会公开：

（一）是否符合相关法律法规、国家政策；

（二）是否属于生态环境部发布的项目方法学支持领域；

（三）项目方法学的选择和使用是否得当；

（四）是否具备真实性、唯一性和额外性；

（五）是否符合可持续发展要求，是否对可持续发展各方面产生不利影响。

项目审定报告应当包括肯定或者否定的项目审定结论，以及项目业主对公示期间收到的公众意见处理情况的说明。

审定与核查机构应当对项目审定报告的合规性、真实性、准确性负责，并在项目审定报告中作出承诺。

第十四条 审定与核查机构出具项目审定报告后，项目业主可以向注册登记机构申请温室气体自愿减排项目登记。

项目业主申请温室气体自愿减排项目登记时，应当通过注册登记系统提交项目申请表和审定与核查机构上传的项目设计文件、项目审定报告，并附具对项目唯一性以及所提供材料真实性、完整性和有效性负责的承诺书。

第十五条 注册登记机构对项目业主提交材料的完整性、规范性进行审核，在收到申请材料之日起十五个工作日内对审核通过的温室气体自愿减排项目进行登记，并向社会公开项目登记情况以及项目业主提交的全部材料；申请材料不完整、不规范的，不予登记，并告知项目业主。

第十六条 已登记的温室气体自愿减排项目出现项目业主主体灭失、项目不复存续等情形的，注册登记机构调查核实后，对已登记的项目进行注销。

项目业主可以自愿向注册登记机构申请对已登记的温室气体自愿减排项目进行注销。

温室气体自愿减排项目注销情况应当通过注册登记系统向社会公开；注销后的项目不得再次申请登记。

第三章 减排量核查与登记

第十七条 经注册登记机构登记的温室气体自愿减排项目可以申请项目减排量登记。申请登记的项目减排量应当可测量、可追溯、可核查，并具备下列条件：

（一）符合保守性原则；

（二）符合生态环境部发布的项目方法学；

（三）产生于 2020 年 9 月 22 日之后；

（四）在可申请项目减排量登记的时间期限内；

（五）符合生态环境部规定的其他条件。

项目业主可以分期申请项目减排量登记。每期申请登记的项目减排量的产生时间应当在其申请登记之日前五年以内。

第十八条 项目业主申请项目减排量登记的，应当按照项目方法学等相关技术规范要求编制减排量核算报告，并委托审定与核查机构对减排量进行核查。项目业主不得委托负责项目审定的审定与核查机构开展该项目的减排量核查。

减排量核算报告所涉数据和信息的原始记录、管理台账应当在该温室气体自愿减排项目最后一期减排量登记后至少保存十年。

项目业主应当加强对温室气体自愿减排项目实施情况的日常监测。鼓励项目业主采用信息化、智能化措施加强数据管理。

第十九条 项目业主申请项目减排量登记前，应当通过注册登记系统公示减排量核算报告，并对公示材料的真实性、完整性和有效性负责。

项目业主公示减排量核算报告时，应当同步公示其所委托的审定与核查机构的名称。

减排量核算报告公示期为二十个工作日。公示期间，公众可以通过注册登记系统提出意见。

第二十条 审定与核查机构应当按照国家有关规定对减排量核算报告的下列事项进行核查，并出具减排量核查报告，上传至注册登记系统，同时向社会公开：

（一）是否符合项目方法学等相关技术规范要求；

（二）项目是否按照项目设计文件实施；

（三）减排量核算是否符合保守性原则。

减排量核查报告应当确定经核查的减排量，并说明项目业主对公示期间收到的公众意见处理情况。

审定与核查机构应当对减排量核查报告的合规性、真实性、准确性负责，并在减排量核查报告中作出承诺。

第二十一条 审定与核查机构出具减排量核查报告后，项目业主可以向注册登记机构申请项目减排量登记；申请登记的项目减排量应当与减排量核查报告确定的减排量一致。

项目业主申请项目减排量登记时，应当通过注册登记系统提交项目减排量申请表和审定与核查机构上传的减排量核算报告、减排量核查报告，并附具对减排量核算报告真实性、完整性和有效性负责的承诺书。

第二十二条　注册登记机构对项目业主提交材料的完整性、规范性进行审核，在收到申请材料之日起十五个工作日内对审核通过的项目减排量进行登记，并向社会公开减排量登记情况以及项目业主提交的全部材料；申请材料不完整、不规范的，不予登记，并告知项目业主。

经登记的项目减排量称为"核证自愿减排量"，单位以"吨二氧化碳当量（tCO2e）"计。

第四章　减排量交易

第二十三条　全国温室气体自愿减排交易市场的交易产品为核证自愿减排量。生态环境部可以根据国家有关规定适时增加其他交易产品。

第二十四条　从事核证自愿减排量交易的交易主体，应当在注册登记系统和交易系统开设账户。

第二十五条　核证自愿减排量的交易应当通过交易系统进行。

核证自愿减排量交易可以采取挂牌协议、大宗协议、单向竞价及其他符合规定的交易方式。

第二十六条　注册登记机构根据交易机构提供的成交结果，通过注册登记系统为交易主体及时变更核证自愿减排量的持有数量和持有状态等相关信息。

注册登记机构和交易机构应当按照国家有关规定，实现系统间数据及时、准确、安全交换。

第二十七条　交易主体违反关于核证自愿减排量登记、结算或者交易相关规定的，注册登记机构和交易机构可以按照国家有关规定，对其采取限制交易措施。

第二十八条　核证自愿减排量按照国家有关规定用于抵销全国碳排放权交易市场和地方碳排放权交易市场碳排放配额清缴、大型活动碳中和、抵销企业温室气体排放等用途的，应当在注册登记系统中予以注销。

鼓励参与主体为了公益目的，自愿注销其所持有的核证自愿减排量。

第二十九条　核证自愿减排量跨境交易和使用的具体规定，由生态环境部会同有关部门另行制定。

第五章　审定与核查机构管理

第三十条　审定与核查机构纳入认证机构管理，应当按照《中华人民共和国认证认可条例》《认证机构管理办法》等关于认证机构的规定，公正、独立和有效地从事审定与核查活动。

审定与核查机构应当具备与从事审定与核查活动相适应的技术和管理能力，并且

符合以下条件：

（一）具备开展审定与核查活动相配套的固定办公场所和必要的设施；

（二）具备十名以上相应领域具有审定与核查能力的专职人员，其中至少有五名人员具有二年及以上温室气体排放审定与核查工作经历；

（三）建立完善的审定与核查活动管理制度；

（四）具备开展审定与核查活动所需的稳定的财务支持，建立与业务风险相适应的风险基金或者保险，有应对风险的能力；

（五）符合审定与核查机构相关标准要求；

（六）近五年无严重失信记录。

开展审定与核查机构审批时，市场监管总局会同生态环境部根据工作需要制定并公布审定与核查机构需求信息，组织相关领域专家组成专家评审委员会，对审批申请进行评审，经审核并征求生态环境部同意后，按照资源合理利用、公平竞争和便利、有效的原则，作出是否批准的决定。

审定与核查机构在获得批准后，方可进行相关审定与核查活动。

第三十一条 审定与核查机构应当遵守法律法规和市场监管总局、生态环境部发布的相关规定，在批准的业务范围内开展相关活动，保证审定与核查活动过程的完整、客观、真实，并做出完整记录，归档留存，确保审定与核查过程和结果具有可追溯性。鼓励审定与核查机构获得认可。

审定与核查机构应当加强行业自律。审定与核查机构及其工作人员应当对其出具的审定报告与核查报告的合规性、真实性、准确性负责，不得弄虚作假，不得泄露项目业主的商业秘密。

第三十二条 审定与核查机构应当每年向市场监管总局和生态环境部提交工作报告，并对报告内容的真实性负责。

审定与核查机构提交的工作报告应当对审定与核查机构遵守项目审定与减排量核查法律法规和技术规范的情况、从事审定与核查活动的情况、从业人员的工作情况等作出说明。

第三十三条 市场监管总局、生态环境部共同组建审定与核查技术委员会，协调解决审定与核查有关技术问题，研究提出相关工作建议，提升审定与核查活动的一致性、科学性和合理性，为审定与核查活动监督管理提供技术支撑。

第六章　监督管理

第三十四条 生态环境部负责指导督促地方对温室气体自愿减排交易及相关活动开展监督检查，查处具有典型意义和重大社会影响的违法行为。

省级生态环境主管部门可以会同有关部门，对已登记的温室气体自愿减排项目与

核证自愿减排量的真实性、合规性组织开展监督检查，受理对本行政区域内温室气体自愿减排项目提出的公众举报，查处违法行为。

设区的市级生态环境主管部门按照省级生态环境主管部门的统一部署配合开展现场检查。

省级以上生态环境主管部门可以通过政府购买服务等方式，委托依法成立的技术服务机构提供监督检查方面的技术支撑。

第三十五条 市场监管部门依照法律法规和相关规定，对审定与核查活动实施日常监督检查，查处违法行为。结合随机抽查、行政处罚、投诉举报、严重失信名单以及大数据分析等信息，对审定与核查机构实行分类监管。

生态环境主管部门与市场监管部门建立信息共享与协调工作机制。对于监督检查过程中发现的审定与核查活动问题线索，生态环境主管部门应当及时向市场监管部门移交。

第三十六条 生态环境主管部门对项目业主进行监督检查时，可以采取下列措施：

（一）要求被检查单位提供有关资料，查阅、复制相关信息；

（二）进入被检查单位的生产、经营、储存等场所进行调查；

（三）询问被检查单位负责人或者其他有关人员；

（四）要求被检查单位就执行本办法规定的有关情况作出说明。

被检查单位应当予以配合，如实反映情况，提供必要资料，不得拒绝和阻挠。

第三十七条 生态环境主管部门、市场监管部门、注册登记机构、交易机构、审定与核查机构及其相关工作人员应当忠于职守、依法办事、公正廉洁，不得利用职务便利谋取不正当利益，不得参与核证自愿减排量交易以及其他可能影响审定与核查公正性的活动。

审定与核查机构不得接受任何可能对审定与核查活动的客观公正产生影响的资助，不得从事可能对审定与核查活动的客观公正产生影响的开发、营销、咨询等活动，不得与委托的项目业主存在资产、管理方面的利益关系，不得为项目业主编制项目设计文件和减排量核算报告。

交易主体不得通过欺诈、相互串通、散布虚假信息等方式操纵或者扰乱全国温室气体自愿减排交易市场。

第三十八条 注册登记机构和交易机构应当保证注册登记系统和交易系统安全稳定可靠运行，并定期向生态环境部报告全国温室气体自愿减排登记、交易相关活动和机构运行情况，及时报告对温室气体自愿减排交易市场有重大影响的相关事项。相关内容可以抄送省级生态环境主管部门。

第三十九条 注册登记机构和交易机构应当对已登记的温室气体自愿减排项目建立项目档案，记录、留存相关信息。

第四十条 市场监管部门、生态环境主管部门应当依法加强信用监督管理，将相

关行政处罚信息纳入国家企业信用信息公示系统。

第四十一条　鼓励公众、新闻媒体等对温室气体自愿减排交易及相关活动进行监督。任何单位和个人都有权举报温室气体自愿减排交易及相关活动中的弄虚作假等违法行为。

第七章　罚　则

第四十二条　违反本办法规定，拒不接受或者阻挠监督检查，或者在接受监督检查时弄虚作假的，由实施监督检查的生态环境主管部门或者市场监管部门责令改正，可以处一万元以上十万元以下的罚款。

第四十三条　项目业主在申请温室气体自愿减排项目或者减排量登记时提供虚假材料的，由省级以上生态环境主管部门责令改正，处一万元以上十万元以下的罚款；存在篡改、伪造数据等故意弄虚作假行为的，省级以上生态环境主管部门还应当通知注册登记机构撤销项目登记，三年内不再受理该项目业主提交的温室气体自愿减排项目和减排量登记申请。

项目业主因实施前款规定的弄虚作假行为取得虚假核证自愿减排量的，由省级以上生态环境主管部门通知注册登记机构和交易机构对该项目业主持有的核证自愿减排量暂停交易，责令项目业主注销与虚假部分同等数量的减排量；逾期未按要求注销的，由省级以上生态环境主管部门通知注册登记机构强制注销，对不足部分责令退回，处五万元以上十万元以下的罚款，不再受理该项目业主提交的温室气体自愿减排量项目和减排量申请。

第四十四条　审定与核查机构有下列行为之一的，由实施监督检查的市场监管部门依照《中华人民共和国认证认可条例》责令改正，处五万元以上二十万元以下的罚款，有违法所得的，没收违法所得；情节严重的，责令停业整顿，直至撤销批准文件，并予公布：

（一）超出批准的业务范围开展审定与核查活动的；

（二）增加、减少、遗漏审定与核查基本规范、规则规定的程序的。

审定与核查机构出具虚假报告，或者出具报告的结论严重失实的，由市场监管部门依照《中华人民共和国认证认可条例》撤销批准文件，并予公布；对直接负责的主管人员和负有直接责任的审定与核查人员，撤销其执业资格。

审定与核查机构接受可能对审定与核查活动的客观公正产生影响的资助，或者从事可能对审定与核查活动的客观公正产生影响的产品开发、营销等活动，或者与项目业主存在资产、管理方面的利益关系的，由市场监管部门依照《中华人民共和国认证认可条例》责令停业整顿；情节严重的，撤销批准文件，并予公布；有违法所得的，没收违法所得。

第四十五条　交易主体违反本办法规定，操纵或者扰乱全国温室气体自愿减排交易市场的，由生态环境部给予通报批评，并处一万元以上十万元以下的罚款。

第四十六条　生态环境主管部门、市场监管部门、注册登记机构、交易机构的相关工作人员有滥用职权、玩忽职守、徇私舞弊行为的，由其所属单位或者上级行政机关责令改正并依法予以处分。

前述单位相关工作人员有泄露有关商业秘密或者其他构成违反国家交易监督管理规定行为的，依照其他有关法律法规的规定处理。

第四十七条　违反本办法规定，涉嫌构成犯罪的，依法移送司法机关。

第八章　附　则

第四十八条　本办法中下列用语的含义：

温室气体，是指大气中吸收和重新放出红外辐射的自然和人为的气态成分，包括二氧化碳（CO_2）、甲烷（CH_4）、氧化亚氮（N_2O）、氢氟碳化物（HFCs）、全氟碳化（PFCs）、六氟化硫（SF_6）和三氟化氮（NF_3）。

审定与核查机构，是指依法设立，从事温室气体自愿减排项目审定或者温室气体自愿减排项目减排量核查活动的合格评定机构。

唯一性，是指项目未参与其他温室气体减排交易机制，不存在项目重复认定或者减排量重复计算的情形。

额外性，是指作为温室气体自愿减排项目实施时，与能够提供同等产品和服务的其他替代方案相比，在内部收益率财务指标等方面不是最佳选择，存在融资、关键技术等方面的障碍，但是作为自愿减排项目实施有助于克服上述障碍，并且相较于相关项目方法学确定的基准线情景，具有额外的减排效果，即项目的温室气体排放量低于基准线排放量，或者温室气体清除量高于基准线清除量。

保守性，是指在温室气体自愿减排项目减排量核算或者核查过程中，如果缺少有效的技术手段或者技术规范要求，存在一定的不确定性，难以对相关参数、技术路径进行精准判断时，应当采用保守方式进行估计、取值等，确保项目减排量不被过高计算。

第四十九条　2017 年 3 月 14 日前获得国家应对气候变化主管部门备案的温室气体自愿减排项目应当按照本办法规定，重新申请项目登记；已获得备案的减排量可以按照国家有关规定继续使用。

第五十条　本办法由生态环境部、市场监管总局在各自的职责范围内解释。

第五十一条　本办法自公布之日起施行。

附录 4 温室气体自愿减排项目设计文件模版

一、避免、减少排放类项目

附表 4-1　项目设计文件

项目名称	项目名称应包含项目所有者、项目地域、方法学、减排技术措施等关键信息。例如：海上风电类项目可参考"项目所有者简称+具体地域或海域+××期××兆瓦海上风电项目"的样式命名；光热发电项目可参考"项目所有者简称+具体地域+××期××兆瓦光热独立（或一体化）发电项目"的样式命名 （斜体字体内容为填写说明，使用时请删除，以下同）
项目所属行业领域	根据附录 2《温室气体自愿减排项目设计与实施指南》填写，请选择其中的一类或多类
项目设计文件版本	如 1.0 版
项目设计文件完成日期	以年/月/日的格式表示
申请项目登记的项目业主	项目业主可以是项目所有者，也可以是获得授权申请温室气体自愿减排项目登记的法人或其他组织
项目所有者	
所选择的方法学及版本	
计入期起止时间	以年/月/日的格式表示
预计的温室气体年均减排量	tCO_2e

注：该模板仅适用于避免、减少排放类项目，不适用于清除（碳汇）类项目，后者另有专用模板。

A　项目描述

A.1　项目目的和概述

•简要描述项目名称、目的、位置、拟采取的技术和措施、项目边界、基准线情景、预计产生的年减排量和整个计入期的减排量。（本部分内容需在 A.2，A.3，B.3，B.4 和 B.6 部分详细描述）；

•描述项目业主、项目所有者及项目授权协议等相关信息；

•描述项目如何促进当地可持续发展；

•描述项目的批复情况，包括工程建设、可行性研究报告、环境影响评价报告书（表）等相关批复情况。

A.2 项目地点（地理位置）

A.2.1 省/直辖市/自治区，等

A.2.2 市/县/乡（镇）/村，等

A.2.3 项目地理位置

提供项目所在地理位置的地图，并标识能唯一识别项目位置的信息，包括地理坐标等。

A.3 采用的技术和措施

描述项目拟采用的技术和措施，根据项目的实际情况，可包括：

· 项目计划安装或改建的设施、系统和设备的清单；

· 项目提供的服务类型及其与边界外相关生产系统/设备的关系；

· 设施、系统和设备的布置；

· 主要设备的设计使用年限；

· 装机容量、负荷系数和效率；

· 输入输出设施、系统和设备的能源流和物质流；

· 监测仪表及位置。

简要描述项目实施前在同一地点采用的技术和措施。

A.4 项目及减排量的唯一性声明

声明该项目未在其他减排机制下同时登记，不是本机制下注销的项目，并说明相关证据。

B 基准线和监测方法学的应用

B.1 采用的方法学

描述以下信息：

· 所选择方法学的准确名称及版本号；

· 所选择方法学中引用的文件的名称和版本。

B.2 采用方法学的适用性

详细论证该方法学及其引用文件的适用性。

B.3 项目边界

· 描述项目边界，包括项目设施、系统和设备所在的地理边界以及边界内的排放源和汇；

· 确定与项目及基准线情景有关的排放源和汇，以及温室气体的种类，并且论证其合理性；

· 除附表 4-2 外，应根据 A.2 部分的描述，提供项目边界图，并勾画出项目的边界。图中应包括 A.3 部分描述的设施、系统和设备，以及物质和能量流，应在图中指出边界内的排放源和温室气体种类，以及需要监测的数据和参数。

附表 4-2　项目边界内排放源以及主要的温室气体种类

排放源		温室气体种类	是否包含	说明理由/解释
基准线	排放源 1	CO_2		
		CH_4		
		N_2O		
		…		
	排放源 2	…		
项目活动	排放源 1	CO_2		
		CH_4		
		N_2O		
		…		
	排放源 2	…		

B.4　基准线情景的识别和描述

•描述如何按照方法学和相关规定的要求识别基准线情景；在此过程中需要解释和论证关键假设和理由。提供并说明用于识别基准线情景的所有相关证据；

•分别描述项目和基准线情景下运行的设施、系统和设备的相关信息，并清晰地解释基准线情景如何在没有项目情况下提供同等的产出或服务；

•如果项目涉及对现有设备的替代，应合理估计并描述在不实施项目情况下该设备本应被替代的时间点；本部分的内容与 B.5 额外性论证中的基准线情景识别的内容可能重复。当有重复时，无需重复论述，只需说明参考某一部分的内容即可。

B.5　额外性论证

描述如何按方法学和相关规定的要求对项目额外性进行论证，并清晰说明相关证据来源及各个论证步骤的结论。

B.6　减排量计算

B.6.1　计算方法的说明

•按照方法学和相关规定的要求，在本部分清晰描述基准线排放量、项目排放量、泄漏以及项目计入期内减排量预先估算的方法、步骤和结果以及描述项目实施后用于核算基准线排放量、项目排放量、泄漏以及项目减排量的方法和步骤；

•清晰地表述上述计算过程中用到的公式。

B.6.2　项目设计阶段确定的参数

按附表 4-3 填写说明，罗列在项目设计阶段已确定并在计入期内固定不变的参数。对于在项目实施以后通过监测获得的参数，应当在 B.7.1 部分列出。（每项参数请复制本附表 4-3。）

附表 4-3

数据/参数名称	
应用的公式编号	方法学中的公式编号
数据描述	
数据单位	
数据来源	描述数据的来源，是文献还是基于测量
数值	填写数值，对于同一个参数有多个数值的情况，可以用表格形式表述
数值的合理性	• 对于采用缺省值的，应说明参数缺省值选取依据及合理性； • 如果数值来源于测量，描述测量方法和采用的程序步骤（比如采用的标准），描述实施测量的人员或机构、测量日期和测量结果，详细信息可以附件的形式补充
数据用途	在以下用途中选择： • 计算基准线排放（预先估算、项目实施后核算）； • 计算项目排放（预先估算、项目实施后核算）； • 计算泄漏排放（预先估算、项目实施后核算）
备注	

B.6.3 减排量估算

• 按照方法学和相关规定的要求，描述基准线排放量、项目排放量、泄漏以及项目计入期内减排量预先估算的方法、步骤和结果，并论证数据选取的合理性；

• 对于项目设计阶段已确定的参数，采用 B.6.2 中的数值；

• 对于在项目实施后通过监测获得的参数，使用 B.7.1 中的预先估算值；

• 如其中有参数是通过抽样调查的方法预估的，应描述数据抽样方案，并证明其符合所采用的方法学及相关规定。

B.6.4 减排量估算汇总

将计入期内预先估算的年减排量结果汇总入附表 4-4。

附表 4-4 预先估算的项目减排量

年 份	基准线排放/tCO₂e	项目排放/tCO₂e	泄漏/tCO₂e	减排量/tCO₂e
××××年 ×× 月 ×× 日— ××××年 ×× 月 ×× 日				
××××年 ×× 月 ×× 日— ××××年 ×× 月 ×× 日				
××××年 ×× 月 ×× 日— ××××年 ×× 月 ×× 日				
××××年 ×× 月 ×× 日— ××××年 ×× 月 ×× 日				

年　份	基准线排放/tCO₂e	项目排放/tCO₂e	泄漏/tCO₂e	减排量/tCO₂e
……（到计入期结束）				
合计				
计入期年数				
计入期内年均值				

注：每一行采用一个单独的日历年。

B.7　监测计划

B.7.1　需要监测的参数

- 描述方法学及所引用文件要求监测的参数；
- 按照填写说明将每个参数填入附表 4-5。（每项参数请复制本附表 4-5。）

附表 4-5

数据/参数名称	
应用的公式编号	
数据描述	
数据单位	
数据来源	明确数据的来源（如日志、日常测量记录、调查等），如果可以使用多个来源，明确优先采用哪个数据源
数值	用于减排量的预先估算（如预估时不用此参数，可不填数值）
监测仪表	填写对该参数监测所使用仪器的详细说明
监测点要求	填写对该参数监测点要求的详细说明
监测仪表要求	监测仪表的准确度等级及校准频次的详细说明
监测程序与方法要求	
监测频次与记录要求	明确监测和记录的频次
质量保证/质量控制程序要求	描述所采用的质量保证/控制程序，包括： 1. 监测仪表的校准程序和校准频次应符合方法学及相关规范性文件的规定，如果无相关规定，应按地方标准、国家标准、供应商说明、国际标准的优先次序选取相应的规定作为依据； 2. 数据缺失或异常的处理方式，须遵循保守性原则并且符合生态环境部相关规定； 3. 内部数据校核
数据用途	在以下用途中选择： 1. 计算基准线排放（预先估算、项目实施后核算）； 2. 计算项目排放（预先估算、项目实施后核算）； 3. 计算泄漏排放（预先估算、项目实施后核算）
备注	

B.7.2 数据抽样方案

如 B.7.1 部分监测的参数需要通过抽样的方法确定,应清晰描述数据抽样方案,并论证其符合项目所采用方法学或所引用相关文件的要求。

B.7.3 监测计划的其他内容

根据方法学和相关规定的要求制定监测计划,并且在项目实施过程中严格执行。监测计划应当至少包含如下内容:

- 监测计划实施的组织形式和职责分工;
- 明确参数名称、单位、获取方式,涉及的计算方法;
- 监测方法和程序、监测和记录频次以及实施监测的人员;
- 监测仪表的名称、数量、安装位置、精度、校准频次等,明确监测仪表的内部管理规定等;
- 数据缺失或异常的处理方式,须遵循保守性原则并且符合生态环境部相关规定;
- 监测数据记录、收集、归档及保存期限;
- 数据抽样方案(如有);
- 质量保证与质量控制程序。

C 项目开工日期,计入期类型和活动期限

C.1 项目的开工日期

描述并证明项目开工日期(一般为建设工程施工合同或者开工文件签署日期),项目开工日期以年/月/日的格式表示。

C.2 预计的项目寿命期限

- 项目寿命期限是指自项目开始到项目结束的间隔时间,以年/月的方式描述;
- 应描述项目寿命期限及其确定的依据。

C.3 项目计入期

- 可根据项目寿命期限自行确定计入期期限,避免、减少排放类项目计入期最长一般不超过 10 年。方法学和相关规定对计入期另有规定的,从其规定;
- 计入期开始时间应当在 2020 年 9 月 22 日之后,且不得早于项目开工日期。分期实施的项目只能确定一个计入期开始日期。

D 环境影响和可持续发展

D.1 环境影响和可持续发展分析

- 分析本项目对环境产生的影响,并明确引用的所有相关文件;
- 分析本项目对可持续发展各方面的影响,包括对当地居民和社区的社会经济影响。

D.2 环境影响评价

明确该项目已开展环境影响评价工作,简述环境影响评价的结论,并附环境影响评

价审批文件或备案回执。

法人名称：	
地址：	
邮政编码：	
电话：	
传真：	
电子邮件：	
网址：	
授权代表：	
姓名：	
职务：	
部门：	
手机：	
传真：	
电话：	
电子邮件：	

附件 2：项目业主营业执照、事业单位法人证书或者社会组织登记证书

附件 3：项目方法学和相关规定要求提供的合法性证明材料，对于避免、减少排放类项目，至少包括可行性研究报告及项目批复（核准、备案）文件、环境影响评价文件及其批复（备案）文件、项目开工建设证明文件以及其他相关支持性材料；如果采用了投资分析论证额外性，还需提供会计师事务所出具的财务鉴证报告、财务质量检查报告或财务审计报告。

附件 4：预先估算减排量计算表以及其它补充信息 （Excel 格式提供）

附件 5：监测计划及其相关参数的调整情况等补充信息（适用时）

二、林业和其他碳汇类型

附表 4-6　项目设计文件

项目名称	项目名称应包含项目所有者、项目地域、方法学、碳汇类型等关键信息。例如：造林项目可参考"项目所有者简称+具体地域+防护林（或用材林、能源林、竹林等体现林种和用途的词）造林项目"的样式命名；红树林植被修复项目可参考"项目所有者简称+具体地域+红树林植被修复项目"的样式命名 （斜体字体内容为填写说明，使用时请删除，以下同）
项目所属行业领域	领域 14：林业和其他碳汇类型

续表

项目设计文件版本	如 1.0 版
项目设计文件完成日期	以年/月/日的格式表示
申请项目登记的项目业主	项目业主可以是项目所有者,也可以是获得授权申请温室气体自愿减排项目登记的法人或其他组织
项目所有者	
所选择的方法学及版本	
计入期起止时间	以年/月/日的格式表示
预计的温室气体年均减排量	tCO_2e

注:该模板主要针对林业碳汇项目设计,其他清除(碳汇)类项目可结合相关方法学具体
　要求参考使用。

A　项目描述

A.1　项目的目的与概述

•简要描述项目名称、目的、位置、拟采取的技术和措施、项目边界、基准线情景、
预计产生的年减排量和整个计入期的减排量。(本部分内容需在 A.2, A.6, B.3~B.6 部
分详细描述);

•描述项目业主、项目所有者及项目授权协议等相关信息;

•稀有和濒危物种及其栖息地情况;

•描述项目如何促进当地可持续发展;

•描述项目的批复情况(如有)。

A.2　项目边界

提供项目详细的地理位置,提供地图并标识项目所在土地的唯一识别信息(如全球
卫星导航系统直接测定的地块边界的拐点坐标、地理信息系统提供的地块边界的坐标
等),并在附件 4 中详细列出。

A.3　土地和林木权属

•描述当前土地和林木权属以及项目减排量归属权等信息,并说明相关证据;

•证明对项目边界内的林业活动拥有控制权并说明相关证据。

A.4　土地合格性

证明项目边界内每个实施林业活动地块的合格性并说明相关证据。

A.5　环境条件

描述项目所在区域的环境条件,包括气候、水文、土壤及生态系统等自然环境条件
及信息来源,至少包括以下信息:

•气候:年均温度、年均降雨量、极端灾难性气候事件(如大风、霜冻以及干
旱)等;

• 水文：水侵蚀、洪涝（包括灾害事件信息，如有）；

• 土壤：土壤类型、土壤肥沃性、土层深度、土壤侵蚀/污染/碱度/酸度/沙漠化、土壤利用及管理情况；

• 生态系统：生态系统的类型（天然形成的或人工的）、植被类型、珍稀或濒临灭绝的物种、生态系统资源的人类活动利用情况、生态系统是否在退化等。

A.6　采用的技术和措施

详细描述如下信息：

• 目前和过去土地利用情况，包括涉及的设施、系统和设备的信息；

• 本项目采用的技术标准或规程；

• 项目选用的树种（种源及育苗）、立地类型、造林模式、整地模式、造林技术以及抚育管护等。

A.7　降低非持久性风险拟采取的措施

描述为防止火灾、病虫害、采伐等影响减排量持久性而采取的措施。

A.8　项目及减排量唯一性声明

声明该项目未在其他减排机制下同时登记，不是本机制下注销的项目，并说明相关证据。

B　选定的基线和监测方法学应用

B.1　采用的方法学

描述以下信息：

• 所选择方法学的准确名称及版本号；

• 所选择方法学中引用的文件的名称和版本。

B.2　采用方法学的适用性

详细论证该方法学及其引用文件的适用性。

B.3　项目碳库和温室气体排放源的选择

根据方法学的要求，确定本项目边界内碳库和排放源并填写附表 4-7 和附表 4-8。

附表 4-7　碳库的选择

	碳库	是否包含	理由或解释
基准线	碳库 1：地上生物质		
	碳库 2：		
	……		
项目	碳库 1：地上生物质		
	碳库 2：		
	……		

附表 4-8　项目边界内排放源以及主要的温室气体种类

排放源		温室气体种类	是否包含	说明理由/解释
基准线	排放源 1	CO_2		
		CH_4		
		N_2O		
		…		
	排放源 2	…		
项目活动	排放源 1	CO_2		
		CH_4		
		N_2O		
		…		
	排放源 2	…		

B.4　碳层划分

按方法学的规定描述项目碳层是如何划分的，包括项目开始前的基准线分层和项目实施后的分层。

B.5　基线情景识别与额外性论证

按照方法学和相关规定的要求，清晰说明并论证项目边界内每个碳层的基准线情景以及额外性论证的方式和步骤，并说明相关证据来源及各个论证步骤的结论。

B.6　减排量计算

B.6.1　计算方法的说明

•林业碳汇类项目的减排量等于项目清除量与基准线清除量之差，如有泄漏，应当予以扣除。项目清除量是指项目各碳库的碳储量变化量之和减去项目排放量；基准线清除量是指在基准线情景下各碳库的碳储量变化量之和减去基准线排放量。

•按照方法学和相关规定的要求，在本部分清晰描述基准线清除量、项目清除量、泄漏以及项目计入期内减排量预先估算的方法、步骤和结果以及描述项目实施后用于核算基准线清除量、项目清除量、泄漏以及项目减排量的方法和步骤；对计算过程中采用的参数取值应予以说明并论证其合理性；

•清晰地表述核算过程中用到的公式。

B.6.2　项目设计阶段确定的数据和参数

按下表填写说明罗列在项目设计阶段已确定并在计入期内固定不变的参数。对于

在项目实施以后通过监测获得的参数，应当在 B.7.1 部分列出。

（每项参数请复制本附表 4-9。）

附表 4-9

数据/参数名称	
应用的公式编号	方法学中的公式编号
数据描述	
数据单位	
数据来源	描述数据的来源，是文献还是基于测量
数值	• 填写数值； • 对于同一个参数有多个数值的情况，可以用表格形式表述
数值的合理性	• 对于采用缺省值的，应说明参数缺省值选取依据及合理性； • 如果数值来源于测量，描述测量方法和采用的程序步骤（比如采用的标准），描述实施测量的人员或机构、测量日期和测量结果，详细信息可以附件的形式补充
数据用途	• 计算基准线清除量（预先估算、项目实施后核算）； • 计算项目清除量（预先估算、项目实施后核算）； • 计算泄漏排放（预先估算、项目实施后核算）
备注	

B.6.3 减排量估算

• 按照方法学和相关规定的要求，描述基准线清除量、项目清除量、泄漏以及项目计入期内减排量预先估算的方法、步骤和结果，并论证数据选取的合理性；

• 对于项目设计阶段已确定的参数，采用 B.6.2 中的数值；

• 对于在项目实施后通过监测获得的参数，使用 B.7.1 中的预先估算值；

• 如其中有参数是通过抽样调查的方法预估的，应描述数据抽样方案，并证明其符合所采用的方法学及相关规定；

• 根据生态环境部发布的相关方法学等规定估算因应对非持久性风险而扣减的减排量。

B.6.4 减排量估算汇总

将计入期内预先估算的年减排量结果汇总入附表 4-10。

附表 4-10　预先估算的项目减排量

年份	基准线清除量/tCO₂e	项目清除量/tCO₂e	泄漏排放/tCO₂e	因应对非持久性风险而扣减的减排量/tCO₂e	项目减排量/tCO₂e
×××× 年 ×× 月×× 日—×××× 年 ×× 月×× 日					
×××× 年 ×× 月×× 日—×××× 年 ×× 月×× 日					
×××× 年 ×× 月×× 日—×××× 年 ×× 月×× 日					
……（到计入期结束）					
合计					
计入期年数					
计入期内年均值					

注：每一行采用一个单独的日历年。

B.7　监测计划

B.7.1　项目实施阶段需监测的参数

• 描述方法学及所引用文件要求监测的参数；

• 按照填写说明将每个参数填入附表 4-11。（每项参数请复制本附表 4-11。）

附表 4-11

数据/参数名称	
应用的公式编号	
数据描述	
数据单位	
数据来源	明确数据的来源（如日志、日常测量记录、调查等），如果可以使用多个来源，明确优先采用哪个数据源
数值	用于减排量的预先估算（如预估时不用此参数，可不填数值）
监测仪表	填写对该参数监测所使用设备的详细说明
监测点要求	填写对该参数监测点要求的详细说明
监测仪表要求	监测仪表的准确度等级及校准频次的详细说明
监测程序与方法要求	
监测频次与记录要求	明确监测和记录的频次

质量保证/质量控制程序要求	描述所采用的质量保证/控制程序，包括： • 监测仪表的校准程序和校准频次应符合方法学及相关规范性文件的规定，如果无相关规定，应按地方标准、国家标准、供应商说明、国际标准的优先次序选取相应的规定作为依据； • 数据缺失或异常的处理方式，须遵循保守性原则并且符合生态环境部相关规定； • 内部数据校核
数据用途	在以下用途中选择： • 计算基准线清除量（预先估算、项目实施后核算）； • 计算项目清除量（预先估算、项目实施后核算）； • 计算泄漏排放（预先估算、项目实施后核算）
备注	

B.7.2 抽样设计和分层

如 B.7.1 部分监测的参数需要通过抽样的方法确定，应清晰描述数据抽样方案和分层信息，并论证其符合项目所采用方法学或所引用相关文件的要求。

B.7.3 监测计划的其他内容

根据方法学和相关规定的要求制定监测计划，并且在项目实施过程中严格执行。监测计划应当至少包含如下内容：

• 监测计划实施的组织形式和职责分工；

• 明确参数名称、单位、获取方式，涉及的计算方法；

• 监测方法和程序、监测和记录频次以及实施监测的人员；

• 说明如何监测森林管理活动，以及如何确定和记录项目边界的地理坐标（包括分层边界的地理坐标）；

• 识别降低泄漏的措施，并且定期监督措施的实施情况；

• 监测仪表的名称、数量、安装位置、精度、校准频次等，明确监测仪表的内部管理规定等；

• 数据缺失或异常的处理方式，须遵循保守性原则并且符合生态环境部相关规定；

• 监测数据记录、收集、归档及保存期限；

• 数据抽样方案（如有）；

• 质量保证与质量控制程序。

C 项目开工日期，计入期类型和活动期限

C.1 项目开工日期

描述并证明项目开工日期（一般为在项目边界内的土地上首次实施生境修复、整地、播种或者种植的日期），项目开工日期以年/月/日的格式表示。

C.2　预计的项目寿命期限

项目寿命期限是指自项目开始到项目结束的间隔时间，以年/月的方式描述。应描述项目寿命期限及其确定的依据。

C.3　项目计入期

· 可根据项目寿命期限自行确定计入期期限，林业和其他碳汇类项目计入期一般不低于 20 年，且不超过 40 年。方法学和相关规定对计入期另有规定的，从其规定；

· 计入期开始时间应当在 2020 年 9 月 22 日之后，且不得早于项目开工日期。分期实施的项目只能确定一个计入期开始日期。

D　环境影响和可持续发展

D.1　环境影响和可持续发展分析

· 分析本项目对环境产生的影响，包括对当地生物多样性、自然生态系统的影响，以及项目边界以外的影响，并明确引用的所有相关文件；

· 分析本项目对可持续发展各方面的影响，包括对当地居民和社区的社会经济影响。

D.2　环境影响评价

明确该项目已开展环境影响评价工作，简述环境影响评价的结论，并附环境影响评价审批文件或备案回执。

附件 1　项目业主联系信息

法人名称：	
地址：	
邮政编码：	
电话：	
传真：	
电子邮件：	
网址：	
授权代表：	
姓名：	
职务：	
部门：	
手机：	
传真：	
电话：	
电子邮件：	

附件 2：项目业主营业执照、事业单位法人证书或者社会组织登记证书

附件 3：项目方法学和相关规定要求提供的合法性证明材料，包括造林作业设计文件、土地和林木权属文件、开工日期证明材料以及其他相关支持性材料；如果采用了投资分析论证额外性，还需提供会计师事务所出具的财务鉴证报告、财务质量检查报告或财务审计报告。

附件 4：项目地块/小班信息表

附件 5：预先估算减排量计算表以及其它补充信息（Excel 格式提供）

附件 6：监测计划及其相关参数的调整情况等补充信息（适用时）

附录5 温室气体自愿减排项目减排量核算报告模版

附表 5-1 减排量核算报告

项目名称	
项目登记编号	
方法学及版本号	
项目所属行业领域	根据《温室气体自愿减排项目设计与实施指南》附 2 填写，请选择其中的一种或多种。 （斜体字体内容为填写说明，使用时请删除，以下同）
登记的项目设计文件版本 （适用于本核算期减排量核算报告）	如 1.0 版本
减排量核算报告的版本号	如 1.0 版本
减排量核算报告的完成日期	以年/月/日的格式表示
核算期的顺序号	如第一核算期
本核算期覆盖日期	年/月/日~年/月/日
申请项目登记的项目业主	项目业主可以是项目所有者，也可以是获得授权申请温室气体自愿减排项目登记的法人或其他组织
项目所有者	
项目设计文件中预先估算的本核算期内减排量	tCO₂e
本核算期内产生的减排量	tCO₂e

A 项目描述

A.1 项目的目的和一般性描述

简要描述以下内容：

• 项目概述，包括项目目的、减排措施、所采用技术和相关设施、项目实施的关键日期（如建设、调试、开始运行等）；

• 项目登记或相关批复等关键信息；

• 本核算期内所产生温室气体减排量等。

A.2 项目的位置

描述项目的地理位置，包括能唯一识别项目位置的信息及地图。

A.3 所采用的方法学

描述采用方法学的名称及版本号，以及引用的规范性文件。

A.4 项目计入期

描述项目计入期起止时间，以及本核算期覆盖日期和顺序号信息。

B 项目实施

B.1 项目实施情况描述

详细描述以下内容：

- 项目采用的技术和措施，工艺流程，设施、系统及设备等相关信息；
- 项目实施和运行信息，包括项目实施关键日期等；
- 对于存在多个场地的项目，应当说明每个场地的实施情况和开始运行日期；
- 对于分阶段实施的项目，应当说明项目在每个阶段的实施情况。

B.2 监测计划及其相关参数的调整情况

- 描述本核算期是否涉及监测计划及其相关参数的调整，并说明原因及调整情况；
- 替代的监测计划应当按照保守的假设或参数取值，确保减排量不被高估；
- 未提出合理替代监测计划的，在本核算期内减排量应采用以下方式处理：基准线排放量取值为0、基准线清除量按照各清除汇的最大可能清除量取值，并且项目排放量按照各排放源的最大可能排放量取值、项目清除量取值为0。

C 监测系统的描述

详细描述监测系统，并提供显示所有相关监测点的示意图。描述可包括：

- 数据收集程序（包括数据生成、汇总、记录、计算和报告、归档等信息流）；
- 组织形式；
- 人员分工及责任；
- 监测系统的应急程序等。

D 参数的确定

D.1 项目设计阶段确定的参数

按照登记项目设计文件 B.6.2 中的信息，对每个参数都复制此附表 5-2。

附表 5-2

数据/参数名称	
应用的公式编号	方法学中的公式编号
数据描述	
数据单位	
数据来源	描述数据的来源，是文献还是基于测量
数值	1. 填写数值； 2. 对于同一个参数有多个数值的情况，可以用表格形式表述
数值的合理性	1. 对于采用缺省值的，应说明参数缺省值选取依据及合理性； 2. 如果数值来源于测量，描述测量方法和采用的程序步骤（比如采用的标准），描述实施测量的人员或机构、测量日期和测量结果，详细信息可以附件的形式补充

数据用途	在以下用途中选择： 1. 核算基准线排放/清除量； 2. 核算项目排放/清除量； 3. 核算泄漏排放/清除量
备注	

D.2 项目实施阶段需监测的参数

按照项目设计文件 B.7.1 中的信息，对每个参数都复制附表 5-3。

附表 5-3

数据/参数名称	
应用的公式编号	
数据描述	
数据单位	
数据来源	明确数据的来源（如日志、日常测量记录、调查等），如果可以使用多个数据来源，明确优先采用哪个数据源
数值	事后监测值
监测仪表	填写对该参数监测所使用设备的详细说明
监测点要求	填写对该参数监测点要求的详细说明
监测仪表的要求	监测仪表的准确度等级及校准信息（频率、校准日期和有效期）
监测程序与方法要求	
监测频次与记录要求	填写监测和记录的频次
质量保证/质量控制程序要求	1. 描述所采用的质量保证/控制程序，包括： 2. 监测仪表的校准程序和校准频次应符合方法学及相关规范性文件的规定，如果无相关规定，应按地方标准、国家标准、供应商说明、国际标准的优先次序选取相应的规定作为依据； 3. 数据缺失或异常的处理方式，须遵循保守性原则并且符合生态环境部相关规定； 4. 内部数据校核
数据用途	在以下用途中选择： 1. 核算基准线排放/清除量； 2. 核算项目排放/清除量； 3. 核算泄漏排放
备注	

D.3　抽样方案的实施

通过抽样方式获得的数据，应当说明项目设计文件中的数据抽样方案实施情况，并符合方法学和相关规定的要求。包括：

- 抽样方案的描述；
- 数据收集和数据分析；
- 如何满足置信度或精度要求等。

E　减排量的核算

- 按照方法学和所引用的相关文件要求，在 E.1~E.3 部分分别描述项目实施后用于核算基准线排放量（清除量）、项目排放量（清除量）、泄漏、因应对非持久性风险而扣减的减排量（tCO2e）以及项目减排量的方法、步骤、公式和结果。
- 如在本核算期存在未校准、校准延迟或者校准误差不满足规定要求的，应当按照相关方法学要求对数据进行保守性处理。

E.1　基准线排放量（清除量）的核算

E.2　项目排放量（清除量）的核算

E.3　泄漏的核算

E.4　应对非持久性风险而扣除减的减排量核算（适用于林业和其他碳汇类项目）

E.5　减排量核算汇总（见附表 5-4）

附表 5-4

本核算期	基准线排放量（清除量）/tCO2e	项目排放量（清除量）/tCO2e	泄漏/tCO2e	因应对非持久性风险而扣减的减排量/tCO2e	减排量/tCO2e
××年××月××日—××年××月××日					

E.6　实际减排量与登记的项目设计文件中预先估算值的比较（见附表 5-5）

附表 5-5

项目	登记的项目设计文件中的预先估算值	本核算期内项目实际减排量
减排/tCO2e		

E.7　对实际减排量与登记的项目设计文件中预先估算值的差别的说明

将核算期内减排量核算结果与项目设计文件中对应时期的预先估算值进行比较。如果核算期内的减排量高于项目设计文件中的预先估算值，详细解释减排量增加的原因。

附件 1：本核算期内减排量计算表及其他信息（提供 Excel 格式）

附件 2：其他说明或补充信息（适用时）

参考文献

[1] 吴宏杰. 碳资产管理[M]. 北京: 清华大学出版社, 2018.

[2] 孟早明, 葛兴安, 等. 中国碳排放权交易实务[M]. 北京: 化学工业出版社, 2017.

[3] 唐人虎, 陈志斌. 中国碳排放权交易市场: 从原理到实践[M]. 北京: 电子工业出版社, 2022.

[4] 陈迎, 巢清尘等. 碳达峰、碳中和 100 问[M]. 北京: 人民日报出版社, 2021.

[5] 计军平, 马晓明. 碳排放与碳金融[M]. 北京: 科学出版社, 2018.

[6] 孙永平. 碳排放权交易概论[M]. 北京: 社会科学文献出版社, 2016.

[7] 夏梓耀. 碳排放权研究[M]. 北京: 中国法制出版社, 2016.

[8] 林健. 碳市场发展[M]. 上海: 上海交通大学出版社, 2013.

[9] 廖振良. 碳排放交易理论与实践[M]. 上海: 同济大学出版社, 2016.

[10] 生态环境部. 碳排放权交易管理办法(试行)[Z]. 2020.

[11] 国务院. 碳排放权交易管理暂行条例[Z]. 2024.

[12] 生态环境部. 关于发布《碳排放权登记管理规则(试行)》《碳排放权交易管理规则(试行)》和《碳排放权结算管理规则(试行)》的公告[Z]. 2021.

[13] 生态环境部. 2021、2022 年度全国碳排放权交易配额总量设定与分配实施方案(发电行业)[Z]. 2023.

[14] 广东省生态环境厅. 广东省生态环境厅关于印发广东省 2022 年度碳排放配额分配方案的通知[Z]. 2022.

[15] 生态环境部, 市场监管总局. 温室气体自愿减排交易管理办法(试行)[Z]. 2023.

[16] 国家应对气候变化战略研究和国际合作中心(简称国家气候战略中心). 关于发布《温室气体自愿减排项目设计与实施指南》的公告[Z]. 2023.

[17] 全国碳排放权注册登记结算系统账户开立业务流程 https://www. chinacrc. net. cn/view/2947. html 2022.

[18] 全国碳排放权交易重点排放单位交易账户开户指引 https://www. cneeex. com/tpfjy/fw/zhfw/qgtpfqjy/ 2021.

[19] 全国温室气体自愿减排注册登记系统和交易系统联合开户须知 https://www.ccer. com.cn/wcm/ccer/html/2307khxz/index.html 2024.

[20] 全国碳排放权注册登记结算系统操作手册(重点排放单位版)https://www.chinacrc. net.cn/view/1419.html 2024 年 10 月.

[21] 全国碳排放权交易系统交易客户端用户操作手册 https://www.cneeex.com/ tpfjy/ fw/jyxtxz/qgtpfqjyxtkhd/ 2024 年 9 月.